Erziehen, schneiden, ernten

Leben
Wohnen
Arbeiten

David Kemmer

Erziehen, schneiden, ernten

Spalierobst in Schwaben

Herausgegeben von Dr.-Ing. Bernhard Niethammer,
Schwäbisches Bauernhofmuseum Illerbeuren

GMEINER

Schwäbisches Bauernhofmuseum Illerbeuren
Leben-Wohnen-Arbeiten | Band 2

Titel: Schwäbisches Bauernhofmuseum Illerbeuren, Dig-19142

Rückseite v. r. n. l.: Bildarchiv Schwäbisches Bauernhofmuseum Illerbeuren (SFI), Dig-19505, Herkunft: Stadtarchiv Mindelheim/ Bildarchiv SFI, Dig-19142/Bildarchiv SFI, Dig-09657, Herkunft: Gaucher, Nicolas: Handbuch der Obstkultur. Aus der Praxis für die Praxis, Berlin 1889, S. 498, Fig. 259.

Kommission und Vertrieb
Gmeiner-Verlag GmbH, Im Ehnried 5, 88605 Meßkirch

Fotografie und Bildbearbeitung: Tanja Kutter
Layout und Produktion: Verlagsbüro Wais & Partner GbR, Stuttgart
Druck und Bindung: AZ Druck, Kempten

ISBN 978-3-8392-2960-6

Klimaneutral
Druckprodukt
ClimatePartner.com/53106-2302-1003

Inhalt

Spalierobst in Bayerisch-Schwaben – sichtbar gewordene Schönheit auf dem Land

Seit 2006 gibt es einen Spalierobstgarten im Schwäbischen Freilichtmuseum Illerbeuren, der verbreitete Formen einer besonderen Erziehungsform an Obstbäumen präsentiert. Die museale Zielsetzung hat sich seit der Gründung des Gartens gewandelt. Stand zu Beginn die Formengestaltung im Vordergrund, war nach rund 16 Jahren eine inhaltliche Korrektur erforderlich. Die Mehrheit der Besucher kannte die Verwendung von Spalierobst nicht mehr aus ihrem eigenen Leben, die Erinnerungen der älteren Generationen, denen der Wandobstbau noch geläufig war, verblasste. In einer Dauerausstellung im Spalierobstgarten versuchte man 2022, über die Formen hinaus auch die Pflege, die erforderlichen Werkzeuge, die Sorten und vor allem die Besitzer von Spalierobst mit ihren Gebäuden in den Blick zu nehmen.

Obst essen hält gesund, zu Recht bekannt hält sich das Sprichwort „An Apple a day keeps the doctor away". Die Verfügbarkeit von Obst war lange Zeit nicht selbstverständlich und spielte in der Ernährung eine untergeordnete Rolle. Für die städtische Bevölkerung des 19. Jahrhunderts war es ein teures Gut, auf dem Land waren Obstbäume zwar vielfach vorhanden, doch fehlte das Wissen über einen fachgerechten Umgang. Mit der Ausbildung einer Wissenschaft vom Obstbaum, der Pomologie, wurde Bayern erst ab den 1820er-Jahren zunehmend zum Obstbauland. Diese Entwicklung war eng verbunden mit der Weiterentwicklung der gesamten Landwirtschaft. Neue Anbaumethoden und Zuchtmöglichkeiten verbreiteten sich. Besonders auffällig war die Verbreitung von Formobst. In Deutschland etablierte es sich zeitgleich zur Industrialisierung Ende des 19. Jahrhunderts in Gärten, an Hauswänden, Mauern, Nebengebäuden und Industriehallen.

Heute ist Spalierobst aus dem Alltagsbild verschwunden, die ursprüngliche Nähe zur Natur, die man sich mit Spalierbäumen schuf, ist überholt worden zugunsten einer Kontaktlosigkeit des Wohnens. Die synthetischen Baumaterialien moderner Häuser vertragen keine Bepflanzungen und Spaliere an deren Wänden. In den Schulgärten wird Obstbaumzucht nicht mehr gelehrt. In den Baumschulen wird Spalierobst nicht mehr überall als vorgezogenes Produkt zum Kauf angeboten.

Bei alledem taucht die Frage auf: Wie nachhaltig ist der Kauf von Obst, das weite Transportwege hinter sich hat? Auf den eigenen Wohnort ausgewählte Sorten kann man lange lagern, vielfältig verwerten und sie geben eine unvergleichliche Geschmacksvielfalt. Der platzsparende Anbau an Wänden, Spalieren und in Formen scheint besonders nachhaltig, wenn Grundstücke immer kleiner werden und Wohnbebauungen dichter aneinanderrücken.

Man soll Äpfel nicht mit Birnen vergleichen, besagt ein weiteres Sprichwort. Dennoch scheint Spalierobst wieder mit den gleichen Argumenten lohnenswert zu sein wie vor anderthalb Jahrhunderten: Als „lebender Einkaufskorb" vor der Haustüre, der unabhängig macht, nährt, Schönheit und Ästhetik auszudrücken vermag und im besten Fall noch Gewinn einbringt.

Das vorliegende Buch ist anlässlich der gleichnamigen Dauerausstellung im Spaliergarten entstanden und gibt anhand zahlreicher historischer Fotografien und Zeugnisse einen authentischen Einblick in einen Bestandteil unserer ländlichen Alltagskultur.

Ich wünsche Ihnen, liebe Leserinnen und Leser, viel Freude beim Entdecken.

B. Niethammer

Dr.-Ing. Bernhard Niethammer
Museumsleitung

Vom Luxus zum Obst für alle

Die Entwicklung der Pomologie führte zu einer teilweisen Abkehr vom einfachen Wirtschaftsobst, das über Jahrhunderte seinen Platz auf Feldern, in Baumgärten und an Straßen fand. Der Obstbau im Garten mit seinen künstlich gezogenen und behandelten Formbäumen ermöglichte eine neue Dimension der Obstkultivierung feiner Tafelfrüchte. Er knüpfte an die Tradition höfischer Gartenanlagen an und verband den Wunsch nach optischer Ästhetik mit dem praktischen Nutzen vom Wetter geschützter Früchte am Spalier. Formobst bedurfte Pflege und Fachwissen, ein Stück Luxus, das man sich leisten können musste.

„Franzobst“

Als Formobstgehölze werden Obstbäume bezeichnet, die durch gezieltes Schneiden und Anbinden in symmetrische Formen gebracht werden. Diese Anbauform verbreitete sich in Deutschland in einer Phase Ende des 19. Jahrhunderts, die unter dem Motto der „Förderung der Obstbaumzucht“ stand.[1] Der platzsparende Anbau bot entscheidende Vorteile gegenüber großen Obstfeldern. Ihren Anfang nahm die Nutzungsgeschichte von Formobst im 17. Jahrhundert in Frankreich als Bestandteil der Küchengärten am Hof und umfasste mehrere sogenannte Erziehungsformen, darunter das Spalierobst an Wänden. Aufgrund seiner Herkunft bezeichnete man den Formobstbau bald als „französische Baumzucht“ oder „Franzobst“.[2] Birnen, Äpfel und Pfirsiche waren die wichtigsten Anbausorten und wurden durch eine der größten Baumschulen für Formobst in dieser Zeit in ganz Europa verbreitet, das Kloster der Kartäusermönche, Grande Chartreuse, bei Paris. Vor allem im nahe gelegenen Belgien fand eine frühe Verbreitung statt.[3]

Früh entwickelte sich in der Gartenkunst ein Bewusstsein, Gehölze als Schmuck an Wänden einzusetzen. In den italienischen Renaissancegärten des 16. Jahrhunderts waren neben den Pergolen, Laubengängen und dem Anbau von Zwergobst bereits häufig die Innenseiten der Gartenmauern bepflanzt, darunter Zitrusfrüchte an den Südwänden und Efeu, Granatapfel, Quitten oder Mispeln an allen weiteren Wänden. Man erkannte, dass das Mauerwerk sowohl Schutz als auch Halt bot und in Verbindung mit einer geeigneten Ausrichtung der Bepflanzung einen Wachstumsvorteil verschaffte. Spaliere waren in diesen Gärten als niedrige, freistehende, heckenartige Gliederungselemente von Beeten bekannt. Im 17. Jahrhundert wurden sie von pflegeleichteren Zierhecken abgelöst, die Bezeichnung des Spalier, *espalier*, beschränkte sich künftig auf die Verwendung von

Barocke Gartenanlage mit Spalierobst an Mauern: Das neue Gartenverständnis war bestimmt von Symmetrie und Ordnung und dem Wunsch nach Obst aus ganzjähriger eigener Produktion. Der Formobstbau erlangte im Barock eine große Verbreitung. Illustration 1692.

Espalier war die zeitgenössische Bezeichnung für freistehende Obsthecken im 16. Jahrhundert und bildete einen Vorläufer der späteren französischen Spalierzucht an Latten und Mauern.

Beim **Barockgarten** handelt es sich um eine Gartenanlage mit dreidimensionalen, geometrischen Formen, die den umgebenden Raum aufgreifen und versuchen, die Natur zu ordnen. Der Barockgarten, die Bezeichnung entstand um 1890, wurde zwischen 1610 und 1630 in Italien und Frankreich ausgebildet. Man bezeichnete diesen auch als französischen Garten. Der Formschnitt von Gehölzen wurde dort zu einem wichtigen Gestaltungselement.

Wein und Obst als Hecke oder an Mauern wachsend, welche äußerlich in Form gebracht wurden.

Pflanzstreifen in geometrischer Form für Obst- und Ziergehölze mit einer abgrenzbaren Pflanzfläche nennt man **Rabatte**.

Als **Reiser** werden abgeschnittenen Triebe von Obstbäumen bezeichnet, die zur Veredelung verwendet werden.

Obstbäume lassen sich nur durch **Veredelungen** vermehren. Hierbei wird ein Reis der gewünschten Sorte auf eine **Unterlage** einer anderen Sorte „transplantiert". Nach dem Verwachsen sind in der neuen Pflanze die Eigenschaften beider Ausgangsgehölze vereint. Durch die Auswahl der Unterlage wird die Größe des Baumes festgelegt.

Nützlich und ästhetisch

Mit Spalier bepflanzte Mauern und Obstrabatten gaben den Nutzgärten des 17. und 18. Jahrhunderts eine umrahmende Ordnung,[4] die an vielen europäischen Fürstenhöfen auf Interesse stieß und zur Anlage eigener Spaliergärten führte.[5] Gleichzeitig entwickelte sich das Wissen über die Pflanzenzucht weiter. So erkannte man, dass die Auswahl von Unterlagen und Reiser verschiedener Sorten die Steuerung des Wachstums und des Reifezeitpunkts beeinflussten.[6] Der Gestaltungsform wurden keine Grenzen gesetzt und die Äste formlos angeheftet. Hierzu verwendete man Leder- oder Stoffstreifen und nagelte diese an die Mauern, setzte Pfähle davor, band die Zweige mit Weidenruten und Binsen an oder spannte Drähte senkrecht oder waagerecht an Nägel.[7] Den ersten regelgerechten Baumschnitt führte der Franzose Jean Baptiste de La Quintinie (1626–1688) um 1680 ein und bildete damit die Grundlage für ein umfassendes Erziehungssystem von Formobst.[8]

Im barocken Nutz- und Küchengarten, dem *potager*, galt der neuen Kultur Spalierobst neben dem zeitgleich entstandenen Zwergobst das Hauptaugenmerk.[9] Als Buschbaum und Pyramide pflanzte man jenes in umrahmenden Rabatten zu Gemüse in innen liegenden Quartieren. Der repräsentative Formobstbau und die ganzjährige Versorgung mit Obst wurden zu einem Hauptanliegen am Hof und regten zur Nachahmung an. An den Residenzen in Würzburg, Veitshöchheim, Schleißheim und vielen weiteren Orten entstanden Küchengärten und Formobstanlagen nach französischem Vorbild, die heute im Zuge einer Gartendenkmalpflege zum Teil wieder reaktiviert werden. Der Grund-

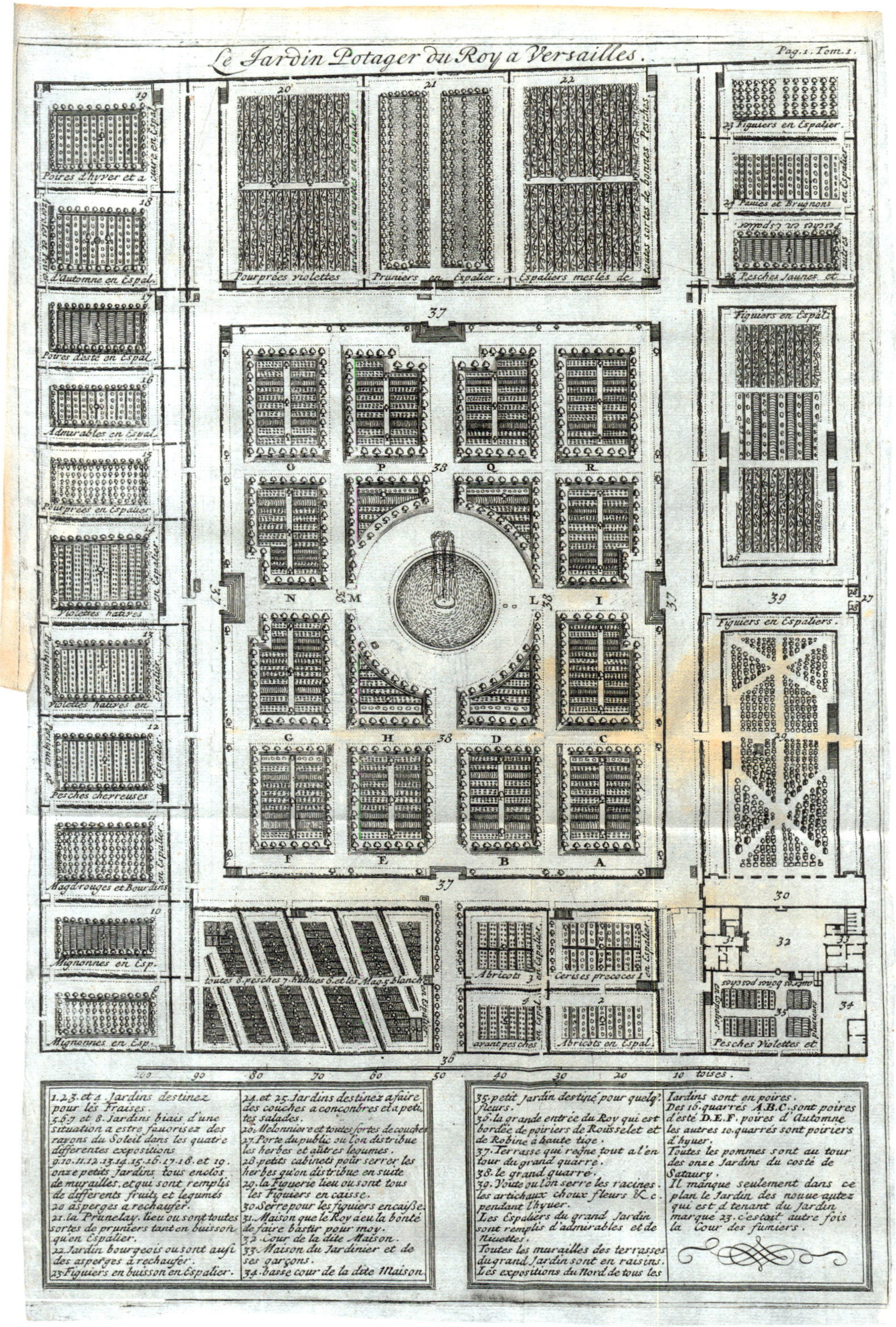
Le Jardin Potager du Roy a Versailles.
Pag. 1. Tom. 1.
Poires d'hyver et a
L'automne en Espal.
Poires desté en Espal.
Admirables en Espal.
Pourprées en Espalier
Violettes hatives
Pesches chevreuses
Magdrouges et Bourdins
Mignonnes en Esp.
Pourprées violettes
Pruniers en Espalier.
Espaliers meslés de
Figuiers en Espalier.
Pauies et Brugnons
Pesches Jaunes et
Figuiers en Espal.
Figuiers en Espaliers.
Abricots
Cerises precoces
avant pesches
Abricots en Espal.
Pesches Violettes et
200 90 80 70 60 50 40 30 20 10 toises.
1.2.3. et 4. Jardins destinez pour les Fraises.
5.6.7 et 8. Jardins biais d'une situation a estre fauorisez des rayons du Soleil dans les quatre differentes expositions
9.10.11.12.13.14.15.16.17.18. et 19. onze petits Jardins tous enclos de murailles. et qui sont remplis de differents fruits et legumes
20 asperges a rechaufer.
21. la Prunelay. lieu ou sont toutes sortes de pruniers tant en buisson qu'en Espalier.
22. Jardin bourgeois ou sont aussi des asperges a rechaufer.
23. Figuiers en buisson en Espalier.
24. et 25. Jardins destinez a faire des couches a concombres et a petites salades.
26. Melonniere et toutes sortes de couches
27. Porte du public ou l'on distribue les herbes et autres legumes.
28. petits cabinets pour serrer les herbes qu'on distribue en suite
29. la Figuerie lieu ou sont tous les Figuiers en caisse.
30. Serre pour les figuiers encaißes.
31. Maison que le Roy a eu la bonté de faire bastir pour moy.
32. Cour de la dite Maison.
33. Maison du Jardinier et de ses garçons.
34. basse cour de la dite Maison.
35. petit Jardin destiné pour quelq. fleurs.
36. la grande entrée du Roy qui est bordée de poiriers de Rousselet et de Robine a haute tige.
37. Terrasse qui regne tout a l'entour du grand quarré.
38. le grand quarré.
39. Voute ou l'on serre les racines. les artichaux choux fleurs &c. pendant l'hyuer.
Les Espaliers du grand Jardin sont remplis d'admirables et de Niuettes.
Toutes les murailles des terrasses du grand Jardin sont en raisins.
Les expositions du Nord de tous les Jardins sont en poires.
Des 16. quarrés A.B.C. sont poires d'esté D.E.F. poires d'Automne les autres 10. quarrés sont poiriers d'hyuer.
Toutes les pommes sont au tour des onze Jardins du costé de Sataury.
Il manque seulement dans ce plan le Jardin des nouueautez qui est a tenant du Jardin marqué 23. c'estoit autre fois la Cour des fumiers.

Planzeichnung (1675–1682) des königlichen Küchengartens von Versailles des französischen Juristen Jean Baptiste de La Quintinie. Das Gartenverständnis des Barock war für die Verwendung von Spalierobst grundlegend und beinhaltete eine Aufteilung großer Gemüsequartiere, die von Obstrabatten mit Formobst umrahmt wurden. Diese herrschaftlichen Küchengärten waren einer der frühesten Verbreitungsorte von Formobst, an denen sich auch neue und detaillierte Schnitttechniken etablierten.

Die **Pomologie** ist die Lehre der Arten und Sorten von Obst. Verbreitung fand sie in Deutschland im 19. Jahrhundert.

gedanke des ganzjährigen Anbaus von Obst und Gemüse lautete: „Was nützlich war, sollte auch ästhetisch sein"[10]. Der Besitz von Obst galt als neues Symbol von Luxus und Reichtum. Man begann, sich mit den Vorzügen unterschiedlicher Sorten und dem Obstbaumschnitt zu befassen.[11]

In Deutschland fand der Spalierobstanbau 1666 bei Johann Sigismund Elsholtz (1623–1688) erstmals Erwähnung, der beim „Espalier von Obstbäumen" ein Gerüst aus Stangen und Latten zur Anbindung von Zweigen beschreibt, welches zur Einfriedung von Blumenrabatten diente.[12] Deutsche Gärtner ließen sich die Formbäume aus Frankreich liefern. Man befasste sich intensiv mit den Techniken, die Obstbäume an den Wänden oder hölzernen Gerüsten anzubinden. Die Schnitttechniken standen noch nicht im Mittelpunkt.[13]

Auf breiter Ebene wurde Spalierobst ab den 1820er-Jahren mit der Etablierung der Pomologie in Deutschland bekannt, zunächst auf Landgütern und in Villengärten. Die Arbeit der französischen Gärtner ließ sich jedoch nicht identisch auf die deutschen Verhältnisse übertragen. Das Klima war in den deutschen Gär-

Pflanzenkatalog (1867) einer deutschen Baumschule mit französischen Baumformen, die im 19. Jahrhundert auf eine begehrte Nachfrage stießen. Das einstige Luxusobst des Adels war nun für jeden Gartenbesitzer erschwinglich.

Giebelhaus mit Hochspalier in Steingaden, Ldkr. Weilheim-Schongau. Foto um 1930.

ten kälter. Die Anwendung der aufwendigen französischen Schnitttechniken wie das mehrmalige Pinzieren, das Beschneiden der krautartigen Äste, führte dazu, dass die Obstbäume bei Frost leicht erfroren. Neue Obstsorten und angepasste, einfachere Schnitttechniken bildeten fortan die Grundlage für einen erfolgreichen Formobstanbau in Deutschland.

Eine flächendeckende Verbreitung von Spalierobst vollzog sich auch durch den Deutsch-Französischen Krieg 1870/1871, aus welchem deutsche Soldaten Eindrücke von der Obstbaumzucht in Frankreich mitbrachten.[14] Ab dieser Zeit verbreitete Spalierobst sich zunehmend in Deutschland als universelle Anbauform.[15] In Schwaben erreichte sie um 1900 ihren Höhepunkt und bildete zunehmend einen Bestandteil des Erwerbsobstanbaus. Spalierobst bildete markante, weithin sichtbare Formen und gehörte aufgrund seiner Verwendung an Gebäudefassaden und Freiflächen bald zur Kultur- und Hauslandschaft. Bereits zu Beginn seiner Verbreitung galt es aber auch als ein Liebhaberprodukt mit erhöhtem Pflegeaufwand.

Mehr als 300 Jahre prägte Spalierobst die Erziehungs- und Anbauformen des gesamten Obstbaus in Europa. Die Erforschung des Pflanzenaufbaus verschaffte ein Verständnis für das Wachstumsverhalten von Obstgehölzen und brachte zusammen mit größer werdenden ästhetischen Ansprüchen die Pomologie hervor, die Lehre von den (Obst-)Bäumen. Bei der Auswahl geeigneter Standorte für das Spalierobst hatte man die Lebensumstände des 19. Jahrhunderts im Blick. Gegen Verunreinigungen und Beschädigungen am Spalier sollte man den Standort vorab gut überlegen. Beispielsweise um zu verhindern, dass der aus den Ställen und Kammern geschüttete Urin das Spalier beeinträchtig, es mit dem Wagenrad in engen Passagen angefahren oder seine Oberteile durch Türen und Tore, aus denen das Heu und Grummet und Stroh ein- und ausgeladen wird, beschädigt werden könnte, oder die Wurzeln durch scharfe Jauche Schaden nehmen.[16]

Jedes Wohnhaus und jedes Gebäude wurde von den Pomologen und Lehranstalten als idealer Ort für die Obstzucht beworben – eine stärkere Bekanntheit in der Bevölkerung sollte zu einem Ausbau des Anbaus führen. Der Obstbau wurde zu einem Universalargument, um wirtschaftlichen Gewinn und praktisches Vergnügen zu verbinden. Zentral war die Vorbildwirkung herrschaftlicher Gärten, deren Elemente schrittweise in bäuerlichen Nutzgärten aufgenommen wurden. Mit Spalierobst holte man sich ein kleines Stück Luxus in den eigenen Garten.

Gründe für den Anbau von Spalierobst aus der Sicht eines zeitgenössischen Pomologen[17]:

- Man kann jederzeit schönes und reifes Obst anbieten.
- Das Obst wächst schneller und ergibt mehr Ertrag.
- Die Früchte sind größer und schmecken wegen ihrer Reife besser, Spätsorten können überhaupt nur am Spalier reifen.
- Anzahl und Häufigkeit der Früchte sind am Spalier wesentlich größer. Weil die Früchte eng beieinander sind, können sie leichter geerntet werden.
- Unwetter wie Wind und Hagel richten weniger Schaden an.
- Blätter sind der beste Wetterschutz, die Wurzeln werden von der Mauer umgelenkt.
- Früchte wachsen bequem in Fensternähe und können von dort aus geerntet werden.
- Ernte ist vor Diebstahl geschützt, weil die Früchte immer präsent vor den Augen des Besitzers hängen.
- Es erntet sich sicher, da die Leitern an die feste Hauswand gelehnt werden können.
- Die Reife der Früchte lässt sich besser kontrollieren, da man täglich an ihnen vorbeigeht.
- Spalierobst verschönert unansehnliche Fassaden.

Der Baum als Schönheitsobjekt

Die Faszination für Obstgärten und Obstbäume ist alt. Sie nährt sich aus der Vorstellung von einer kleinen geordneten, nützlichen Welt und der Flucht aus einem als belastend empfundenen Alltagsleben des Menschen. Der Baum wurde zum Schönheitsobjekt erhoben, der Gärtner durch sein Schneiden zum gestaltenden Künstler in der Natur. Ein Hauptargument galt neben der vollkommenen Ästhetik dem Ansetzen vieler Früchte. Mit Spalierobst sollte es möglich sein, dreimal so viel Früchte zu ernten als in herkömmlichen Obstgärten.[18]

Im 18. Jahrhundert verbreitete sich das hölzerne Lattenwerk und mit diesem eine einfache Fächerform, bei der die einzelnen Äste gleichsam einer geöffneten Hand ausgebreitet angeheftet wurden, ohne sich zu überkreuzen. Diese Form erforderte es, fortlaufend zu schneiden und einjährige Triebe zu „Pinzieren". Der Spalierobstanbau wurde aufwendiger, denn der richtige Schnitt und das korrekte Anbinden sollten ein Auswachsen des Baumes aus seiner Form verhindern. Hatte man zuvor natürliche Verzweigungen im Spalierbaum zugelassen, zielte die neue Form auf regelrecht geleitete, waagerechte Zweige. Mit dem neuen „Fruchtbogenschnitt" lenkte man Triebe in Formen, ohne sie zu beschneiden.[19]

Ende des 19. Jahrhunderts wurde Spalierobst noch von vielen als „Luxusgärtnerei" bewertet und dementsprechend vernachlässigt, obwohl man dadurch an andernfalls ungenutzten Flächen einen wirtschaftlichen Ertrag erzielen konnte.[20]

Die Gartengestaltung setzte zu Beginn des 20. Jahrhunderts auf die Ästhetik des Spaliers zur Begrenzung von Gartenflächen. Jede Gartenfläche sollte auf diese Weise verschönert werden. Werbung 1914.

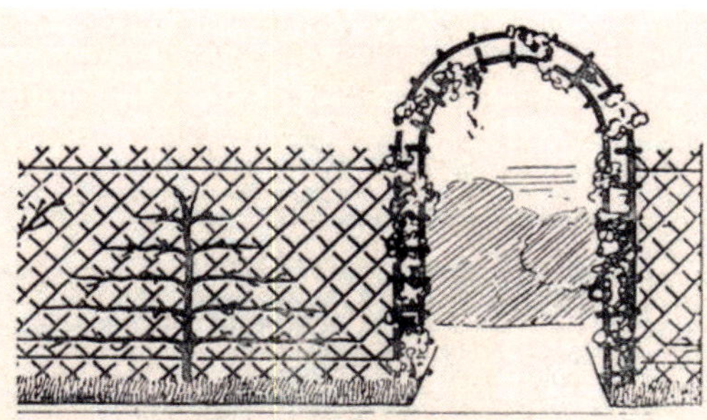

Nr. 829. - Obstspalierwerke. Preise wie Nr. 18, unendlich wärmer wirkend und förderlicher für die Pflanzung als Draht. Mehrpreis für Bogen Mk. 20.–

Pinzieren: Schnittmaßnahme im Sommer. In der Triebphase des Baums wird an den noch weichen, wachsenden Neutrieben die Triebspitze mit einigen jungen Blättern entfernt. Ziel ist eine Wuchsberuhigung bzw. eine Anregung der Verzweigung und Blütenknospenbildung.

Als **Hochstamm** bezeichnet man einen Baum mit einer Stammlänge von 1,80 m und mehr auf einer stark wachsenden Unterlage.

Begrenzter Luxus

Weil Gartenflächen begrenzt waren, baute man Formobst sehr häufig als Spalierobst an den überall vorhandenen Mauern und Häuserwänden an. Für den Obstbau bot dies ein förderliches mildes Klima, zugleich wurden die Früchte vor Wind und Kälte geschützt. Zum Anbau empfahl man für Äpfel, Aprikosen, Pflaumen und Sommerbirnen nach Osten oder Südosten ausgerichtete Wände, für spätreife Sorten von Birnen, Pfirsichen und Weinreben eine Ausrichtung nach Südosten, Süden und Südwesten. Die schattigen Nordwände konnte man mit Sauerkirschen bepflanzen. Die Westseite galt als nachteilig für den Spalieranbau, weil dort die sommerliche Sonne die Früchte zu stark erwärmte und nächtlicher Frost im Winter und Frühjahr im Westen am stärksten schadete. Als ungeeignet für den Spalieranbau wurden kleine Gärten mit hohen, engen Mauern, die wenig Licht zulassen, befunden und Flächen, auf denen zuvor Hochstämme standen. Dort können Formbäume nur schlecht wachsen, weil der Boden ausgelaugt ist.

Spalierstäbe sind eines der wichtigsten Bauelemente für den Formobstanbau. Für die Platzierung an Wänden verwendete man vor allem in den ländlichen Gebieten auch einfache Ruten aus Haselnuss, Weide o. Ä., um Kosten zu sparen. Wegen der kurzen Haltbarkeit ermöglichten diese aber keine gerade Formenerziehung und eigneten sich vorwiegend für formlose Weinreben am Spalier. Für die strenge Spalierzucht empfahl man gesägte, gehobelte und gestrichene Eichenhölzer.[21]

Weinspalier an einem Bauernhaus in Pielenhofen, Lkr. Regensburg, Mitte 20. Jahrhundert. Für den Bau des Spaliers verwendete man unbearbeitete Stangen, die günstig zur Verfügung standen.

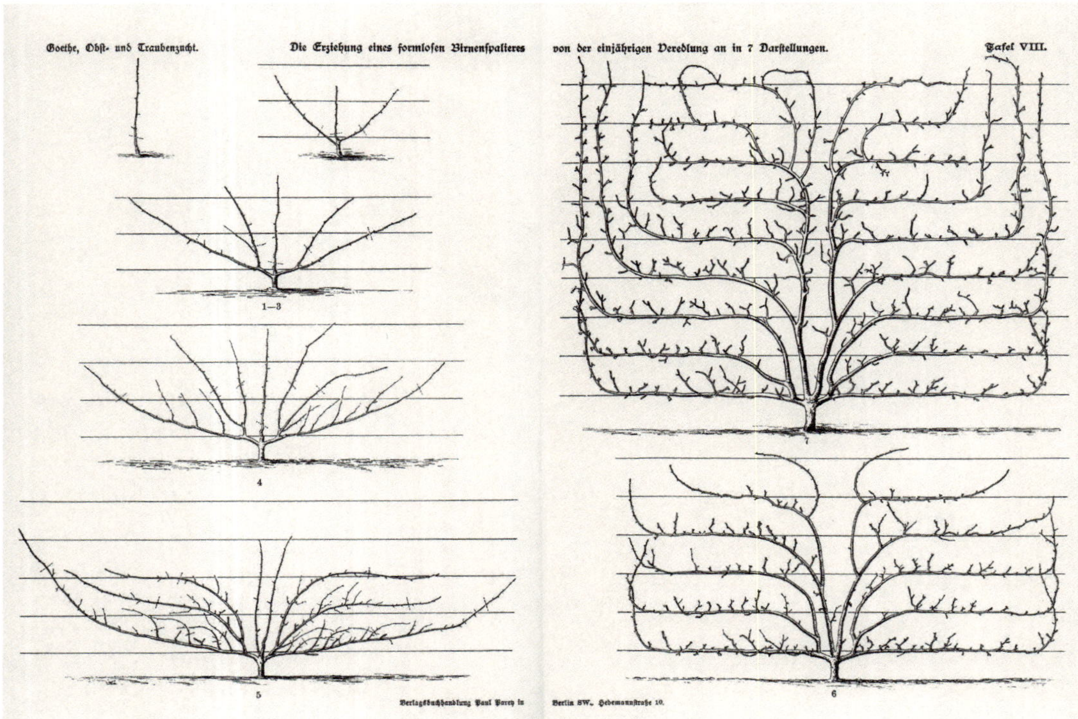

Formobstgehölze entstehen aus veredelten Reisern. Die austreibenden Triebe werden abhängig von der geplanten Erziehungsform in Länge, Richtung und Anzahl beschnitten und lassen sich an Spalieren in Formen bringen. Diese Abbildung aus dem Jahr 1900 zeigt, wie man aus einer einjährigen Veredelung ein vollständig ausgebildetes freies Birnenspalier erziehen kann.

Die Wahl der Form

Die Spalierform sollte die Frucht zur Geltung bringen, ertragreich sein und einfach zu pflegen. Hierfür eignete sich die Palmette mit waagerechten oder schrägen Ästen, der senkrechte oder schräge Schnurbaum, die U-Form sowie die ursprünglichste Form, das Fächerspalier. Hatte man Ende des 19. Jahrhunderts strenge Formen mit Hochspalieren bevorzugt, zeigte die Entwicklung der folgenden Jahrzehnte einen Schwerpunkt beim formlosen Spalier, auch als „Bauernspalier" bezeichnet.[22] Dieses galt als beste Möglichkeit, strenge Konturen an Hauswänden malerisch zu unterbrechen und den Wandobstanbau für Menschen ohne Fachkenntnisse zu ermöglichen. Spalierobst sollte kein „Liebhaberanbau" von wenigen sein.[23]
Für diese Formen pflanzte man einjährige Veredelungen und schnitt diese 30 Zentimeter über dem Boden auf drei kräftige Triebe zurück, wobei zwei der sogenannten Augen sich an

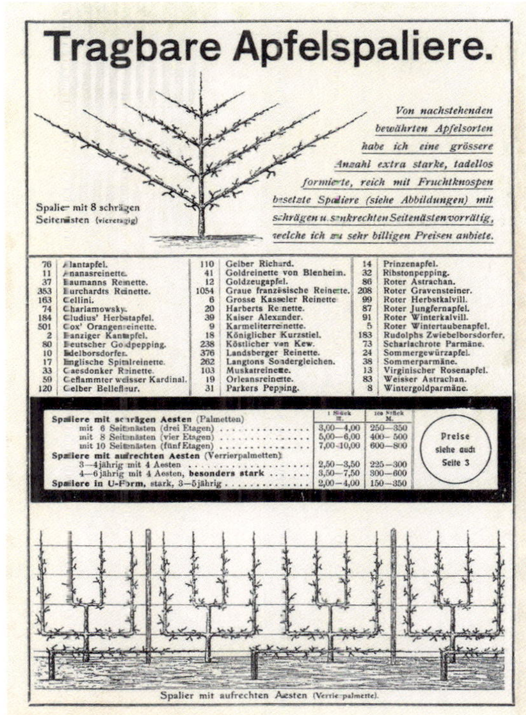

Werbung für Palmetten mit Äpfeln (1903): Baumschulen boten vorgezogenes Formobst für unterschiedliche Obstsorten zum Kauf an. Die richtige Wahl der Sorte hing von den Bedingungen am Pflanzstandort und den Geschmacksvorlieben ab.

der Teilungsstelle seitwärts entwickeln mussten und ein Trieb nach vorne zu stehen hatte. Aus diesen erhielt man drei neue Triebe, von denen der oberste als Stammverlängerung diente, die anderen beiden bildeten die erste Etage. Durch wiederholende Schnitte erreichte man die Bildung der Form.[24]

Anfang des 18. Jahrhunderts bildete sich mit der Pyramide eine Formobstkultur heraus, die 1710 erstmals in Deutschland illustriert wurde. Mitte des 18. Jahrhunderts entstand in Montreuil die Palmette aus zwei im 45-Grad-Winkel auseinanderlaufenden Leitästen, die sich für den Anbau von Birnen durchsetzte. Eine der markantesten Formen kam mit dem Spalier in waagerechten Ästen auf, welches im 18. Jahrhundert in den Niederlanden und England entwickelt worden war. Für diese Form eigneten sich nun auch starkwüchsige Baumsorten, die sich auf der gesamten Wandfläche ausbreiten konnten. 1796 wurde diese Anbauform erstmals in Deutschland erwähnt.[25]

Strenge Spalierformen entstanden vor allem im 19. Jahrhundert. Mit der Einführung der Gartenschere um 1850 war der Baumschnitt einfacher geworden, mit ihr ließen sich gegenüber der Hippe wesentlich präzisere Schnitte auf engstem Raum durchführen. Mitte des 20. Jahrhunderts verlor der strenge Spalierschnitt an Bedeutung, man orientierte sich fortan an einem naturnahen Kronenaufbau. Schnittformen, die sich an der Schaffung von kurzem Fruchtholz orientierten, wurden obsolet. Ab 1950 setzten sich neue, einfachere Schnittpraktiken auch in den Privatgärten mit neuen Baumformen durch.[26]

Die Entscheidung für eine Erziehungsform hing von den baulichen Gegebenheiten, den ästhetischen Vorstellungen des Besitzers und den praktischen Erfahrungen ab. Im Obstbauverein Waal im Ostallgäu befasste man sich im Frühjahr 1912 in der Generalversammlung mit diesen Fragen:

Hippe: Messer mit sichelförmiger Klinge zum Beschneiden von Gehölzen. Vorläufer der Gartenschere.

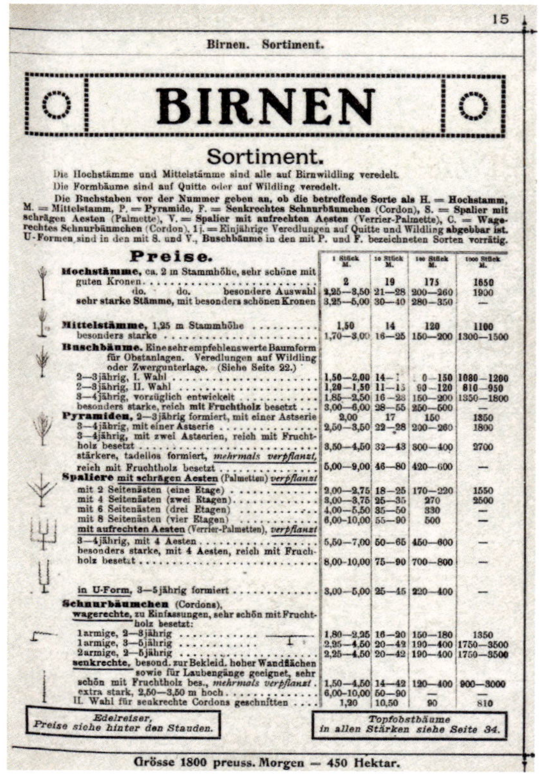

15

Birnen. Sortiment.

BIRNEN

Sortiment.

Die Hochstämme und Mittelstämme sind alle auf Birnwildling veredelt.

Die Formbäume sind auf Quitte oder auf Wildling veredelt.

Die Buchstaben vor der Nummer geben an, ob die betreffende Sorte als H. = Hochstamm, M. = Mittelstamm, P. = Pyramide, F. = Senkrechtes Schnurbäumchen (Cordon), S. = Spalier mit schrägen Aesten (Palmette), V. = Spalier mit aufrechten Aesten (Verrier-Palmette), C. = Wagerechtes Schnurbäumchen (Cordon), 1j. = Einjährige Veredlungen auf Quitte und Wildling abgebbar ist. U-Formen sind in den mit S. und V., Buschbäume in den mit P. und F. bezeichneten Sorten vorrätig.

Preise.

	1 Stück M.	10 Stück M.	100 Stück M.	1000 Stück M.
Hochstämme, ca. 2 m Stammhöhe, sehr schöne mit guten Kronen	2	19	175	1650
do. do. besondere Auswahl	2,25–3,50	21–28	200–260	1900
sehr starke Stämme, mit besonders schönen Kronen	3,25–5,00	30–40	280–350	—
Mittelstämme, 1,25 m Stammhöhe	1,50	14	120	1100
besonders starke	1,70–3,00	16–25	150–200	1300–1500
Buschbäume. Eine sehr empfehlenswerte Baumform für Obstanlagen. Veredlungen auf Wildling oder Zwergunterlage. (Siehe Seite 22.)				
2–3jährig, I. Wahl	1,50–2,00	14–[illegible]	[illegible]0–150	1080–1200
2–3jährig, II. Wahl	1,20–1,50	11–15	90–120	810–950
3–4jährig, vorzüglich entwickelt	1,85–2,50	16–28	150–200	1350–1800
besonders starke, reich mit Fruchtholz besetzt	3,00–6,00	28–55	250–500	—
Pyramiden, 2–3jährig formiert, mit einer Astserie	2,00	17	150	1350
3–4jährig, mit einer Astserie	2,50–3,50	22–28	200–260	1800
3–4jährig, mit zwei Astserien, reich mit Fruchtholz besetzt	3,50–4,50	32–43	300–400	2700
stärkere, tadellos formiert, *mehrmals verpflanzt,* reich mit Fruchtholz besetzt	5,00–9,00	46–80	420–600	—
Spaliere mit schrägen Aesten (Palmetten) *verpflanzt*				
mit 2 Seitenästen (eine Etage)	2,00–2,75	18–25	170–220	1550
mit 4 Seitenästen (zwei Etagen)	3,00–3,75	25–35	270	2500
mit 6 Seitenästen (drei Etagen)	4,00–5,50	35–50	330	—
mit 8 Seitenästen (vier Etagen)	6,00-10,00	55–90	500	—
mit aufrechten Aesten (Verrier-Palmetten), *verpflanzt*				
3–4jährig, mit 4 Aesten	5,50–7,00	50–65	450–600	—
besonders starke, mit 4 Aesten, reich mit Fruchholz besetzt	8,00-10,00	75–90	700–800	—
in U-Form, 3–5jährig formiert	3,00–5,00	25–45	220–400	—
Schnurbäumchen (Cordons),				
wagerechte, zu Einfassungen, sehr schön mit Fruchtholz besetzt:				
1armige, 2–3jährig	1,80–2,25	16–20	150–180	1350
1armige, 3–5jährig	2,25–4,50	20–42	190–400	1750–3500
2armige, 2–5jährig	2,25–4,50	20–42	190–400	1750–3500
senkrechte, besond. zur Bekleid. hoher Wandflächen sowie für Laubengänge geeignet, sehr schön mit Fruchtholz bes., *mehrmals verpflanzt*	1,50–4,50	14–42	120–400	900–3000
extra stark, 2,50–3,50 m hoch	6,00-10,00	50–90	—	—
II. Wahl für senkrechte Cordons geschnitten	1,20	10,50	90	810

Edelreiser, Preise siehe hinter den Stauden.

Topfobstbäume in allen Stärken siehe Seite 34.

Grösse 1800 preuss. Morgen — 450 Hektar.

Werbung für Birnenbäume in den drei Erziehungsformen Hochstamm, Mittelstamm und Formbaum (1916).

„Nach einer kürzeren Pause begann der 2.te kürzere Vortrag über die Spalier Zucht. [sic] behandelte Redner empfahl aus verschiedenen Gründen die Hochspalierzucht, ferner soll der Mittelast bei einem Spalier nicht stehen bleiben sondern der Spalier soll in U-Form gezogen werden. In welcher Weise das Lattengerüst angebracht werden soll, wie die Saftzirkulation bei einem Spalier vorgeht und über Stand u. Sorten bei Spalierbäumen. Das waren die hauptsächlichsten Punkte des ebenso interessanten, wie lehrreichen Vortrags."[27]

Die Wahl der Sorten

Die Verbreitung unterschiedlicher Obstsorten wurde durch Pomologen, Wanderlehrer für Obst- und Gartenbau und Baumschulen vorangetrieben.[28] Sie wählten abhängig von der Lage, den Bodenverhältnissen und den klimatischen Bedingungen eine zum Standort passende Sorte zur Anpflanzung aus und prägten mit ihrer Auswahl das Bild einer Kulturlandschaft.

Apfel, Birne und Wein, aber auch Pfirsich, Quitte und Kirsche eigneten sich speziell für den Anbau am Spalier. Die wärmeliebenden Birnen wuchsen besser am Wandspalier als Äpfel. Die Auswahl unterschiedlicher Sorten war ein entscheidender Vorteil. Wuchsen einzelne Sorten in einem Jahr nicht, fingen andere mit ihrem Ertrag den Verlust auf.

Birne der Sorte „Gute Luise von Avranches". Diese Sorte wurde in Schwaben zahlreich an Spaliere gepflanzt. Sie benötigt warme Lagen und bringt hohe, regelmäßige Erträge. Datierung: Anfang 20. Jahrhundert.

Gute Luise von Avranches

Bekannt seit: 1788, Avranches in der Normandie, Frankreich, in Deutschland sehr verbreitet.

Gestalt: Groß, abgestumpft kegelförmig oder länglich eiförmig mit glatter gelblich grüner Schale, auf der Sonnenseite forellenartig rot punktiert.

Fleisch: Gelblich weiß, sehr saftreich, süß bis weinsäuerlicher, würziger Geschmack.

Verwendung: Sehr gute Tafelbirne, gute Dörr- und Einmachfrucht. Muss schnell verbraucht werden, da sie nicht lange lagerfähig ist. Benötigt einen nährstoffreichen Boden.

In der Jugend kräftiger Wuchs mit starker Verzweigung und guter Fruchtbarkeit. Sie besitzt windfeste Früchte.

Standort: Nordost, Ost-, West- und Nordwestwände.

Birne der Sorte „Williams Christ", einer feinen Tafelbirne, die sich sehr gut für den Anbau an Wänden eignet. Datierung: Anfang 20. Jahrhundert.

Williams Christbirne

Bekannt seit: 1770, England.

Gestalt: Groß bis mittelgroß, zwischen Ei- und Birnenform, Oberfläche mit Beulen und Erhebungen, gelblich grüne Schale.

Fleisch: Gelblich weiß, sehr fein, saftreich, fein säuerlicher würziger Geschmack.

Baumreife: Im August, die Früchte müssen acht bis zwölf Tage vor der Genussreife geerntet werden.

Verwendung: Sehr gute und begehrte Einmachbirne, die ihr weißes Fleisch behält.

Schnelles Wachstum bis zum ersten Tragen von Früchten. Trägt sehr früh Früchte. Stellt keine Ansprüche an den Boden.

Standort: Für raue, windige Lagen ungeeignet.

Titelseite eines Preisverzeichnisses für Obstgehölze 1902: Baumschulen unterhielten zum Teil eigene Spalierobstplantagen, um Formbäume zu züchten.

Spalierobstplantagen und Baumschulen

Trotz der Einrichtung zahlreicher Baumschulen ab den 1830er-Jahren stand der Obstbau in Bayern als Liebhaberobstbau hinter der Land- und Forstwirtschaft zurück, da er nur so viel Obst produzierte, wie zur Eigenversorgung benötigt wurde. Ende des 19. Jahrhunderts wurde Obstbau zum Inhalt in der agrarischen Ausbildung. In der landwirtschaftlichen Winterschule Kaufbeuren, dem Ausbildungsort junger Bauernkinder des Umlandes, stand im Schuljahr 1882/1883 das Fach Obstbaum- und Bienenzucht mit zwei Stunden auf dem Unterrichtsplan.[29] In vielen Orten legten Dorfschullehrer Schulgärten an, um das Schneiden und Veredeln von Obstbäumen zu lehren.[30] Der Wissensaustausch und eine Vorbildwirkung für die ländliche Bevölkerung über die Obstbaum- und Spalierzucht sollten dadurch weiter ausgebaut werden.[31]

Ab den 1870er-Jahren boten Baumschulen vorgezogene Grundformen zum Verkauf an, was die Verbreitung unter der Bevölkerung wesentlich erleichterte.[32] So versteigerte der Bienenzucht- und Obstbauverein Fellheim im Landkreis Unterallgäu auf einer Verlosung 1899 ein Spalier und zwei Pyramiden an seine Mitglieder, bezogen von der Baumschule Schmid in Memmingen.[33]

Noch 1889 klagten Fachleute über einen gegenüber den Nachbarländern, darunter verstand man auch Württemberg, rückständigen Zustand des heimischen Obstbaus und verwiesen damit vor allem auf das vorherrschende Problem mangelnder Kenntnisse der Bevölkerung in der Obstbaumpflege. Die Ausbildungsbedingungen von Gärtnern, die sich aus finanziellen Gründen oft keine Praxis im Ausland aneignen konnten, galten als unzureichend, sodass Ende der 1880er-Jahre die Gründung einer Bildungseinrichtung für den Obst- und Gartenbau durch die bayerische Regierung vorangetrieben wurde. Die Lehranstalten in

Weihenstephan und Veitshöchheim entstanden nach dem Vorbild bestehender Lehrgärten für Spalierobst in Geisenheim oder Sanssouci. Ein Hauptziel des Staates war der Ausbau einer preiswerten, überall verfügbaren und gesunden Ernährung für die wachsende Bevölkerung.

Ernte

Die am Spalier gereiften Obstsorten von Äpfeln und Birnen waren feinere Sorten und wurden auch als Kabinettfrüchte bezeichnet. Sie mussten zum Verkauf vollständig fehlerfrei sein und kamen 1910 als Erste Qualität in die bayerische Obstmarktschachtel. Diese aus Lederwellpappe bestehende Transportkiste konnte der Obstzüchter selbst zusammenstecken. Zehn bis zwölf Früchte wurden in längliche, mit Papierwolle ausgelegte Kisten lagenweise eingebettet und kamen auch stückweise zum Verkauf. Mittelmäßige Früchte sortierte man in Spankörbe, fehlerhafte und Lokalsorten, sogenanntes Volksobst, wurden in Weidenkörbe mit 40 bis 50 Pfund Inhalt verpackt.

Für die Belieferung der Obstmärkte und Verkaufsstellen wurde Kernobst vor dem Eintreten der Genussreife geerntet und verpackt, damit es zum Zeitpunkt des Verkaufs reif war. Die gute Erreichbarkeit der Spalierfrüchte trieb die Bemühungen für den Schutz vor Schädlingen auf den Höhepunkt, wie das Einbinden der Früchte in Tüten am Baum auf diesem Foto von 1906 zeigt.

Industriell hergestellte Gerätschaften zur Verwertung von Obst. Übersicht Ende 19. Jahrhundert. Das Werben für Neupflanzungen hatte zur Folge, dass große Mengen an Obst zur Verfügung standen, die schnell und hochwertig verwertet werden mussten.

Verwertung

Am Spalier wuchs vorwiegend Wein. Spalierobst mit Äpfeln und Birnen war vor der Mitte des 19. Jahrhunderts nur in wenigen Gegenden Bayerns gebräuchlich. An seiner Stelle stand der „Hofbirnbaum" als Hochstamm. Als „Volksobst" hatten sich einfache Sorten auf Hochstämmen bewährt, die Herstellung von Most und Dörrobst daraus war die verbreitetste Verwertungsart.[34]

Vor allem Birnen waren sehr beliebt, erforderten aber aufgrund ihrer geringen Lagerfähigkeit ein organisatorisches Geschick der Verarbeitung. Kinder wählten ihren Schulweg im Spätsommer nicht selten entlang obstreicher Gärten und teilten sich das Obst in den Schulpausen. Auch für die Brotzeiten auf dem Feld schätzte man Birnen. Nach der Ernte wurden diese in großen Mengen mit Nachbarn und Verwandten geteilt und auf den Märkten verkauft. Einen weiteren wichtigen Verarbeitungszweig stellte das Dörren von Obst dar. Wer viel Obst zu dörren hatte, brachte dieses zum Dorfbäcker. Gästen wurden Birnen als Reiseproviant und Geschenk mitgegeben.[35]

Frisches Obst war über Jahrhunderte ein wichtiger Bestandteil der Ernährung, aber aufgrund unzureichender Konservierungsmethoden nur über einen kurzen Zeitraum nach der Ernte verfügbar. Bis in das 19. Jahrhundert wurde Obst hauptsächlich als Dörrobst und Most durch Trocknen und Pressen verwertet und haltbar gemacht.[36] Durch die massive Förderung des Obstanbaus im privaten Bereich stiegen die Erntemengen. Neue Verarbeitungsmethoden hielten im 20. Jahrhundert Einzug, wie die Herstellung von Destillaten und die Haltbarmachung von Obst durch Einkochen in Gläser.

Im Obstbauverein Waal setzte man sich 1907 intensiv mit der Anschaffung geeigneter Geräte und Werkzeuge auseinander. Die Einwände von Lehrer und Pfarrer als Mitglieder des Vereins verhinderten dies.

Teilstück einer größeren Dörrvorrichtung für Birnen. Datierung: Ende 19. Jahrhundert. Die Früchte wurden auf den Holzleisten verteilt. Warme Luft zog über mehrere Lagen solcher Gitter und entzog den Früchten ihren Wassergehalt. Gedörrtes Obst besaß kaum noch Vitamine, bot aber einen hohen Gehalt an Fruchtzucker und überbrückte damit im Winter den chronischen Zuckermangel.

„Die diesjährigen reichen Obsterträgnisse gaben Anlaß zu Belehrungen über sorgfältige Obsternte mit möglichster Schonung der Früchte u. namentlich der Bäume u. zur richtigen Obstverwertung. Es wurde verhandelt über Anschaffung einer Stehleiter, einer Obstpresse u. einiger Obstdörren. Bezüglich einer Leiter wurde die Versammlung dahin einig, daß eine solche von jedem einzelnen Verein mit Vorteil angeschafft werden könne.

In Erwägung der großen Kosten, die sich bei Anschaffung einer Presse noch durch die Ausgaben für Fässer bedeutend erhöhen, wurde die Debatte eine so lebhafte, daß nur durch eine geheime Abstimmung ein Resultat erzielt werden konnte."[37]

Historisches Rezept für gedörrte Äpfel

Dieses historische Rezept zeigt die Verwendung von Dörräpfeln, die man auch aus Spalierobst herstellte, denn fehlerfreies und gut gereiftes Obst war in der feinen Küche gefragt. Die Verfasserin Christine Charlotte Riedl aus Lindau am Bodensee war eine bekannte Kochbuchautorin und zählte zu den ersten Autorinnen von Kochbüchern für Kinder im 19. Jahrhundert. Das *Lindauer Kochbuch* machte sie mit 1602 Rezepten für den „guten bürgerlichen und feineren Tisch" ab 1852 in Süddeutschland bekannt.

Die vielfältige Nutzungsmöglichkeit des Obstanbaus für den privaten Haushalt sollte hervorgehoben werden und damit zum Ausdruck kommen, dass der Anbau von eigenem Obst zu einem festen Bestandteil wurde:

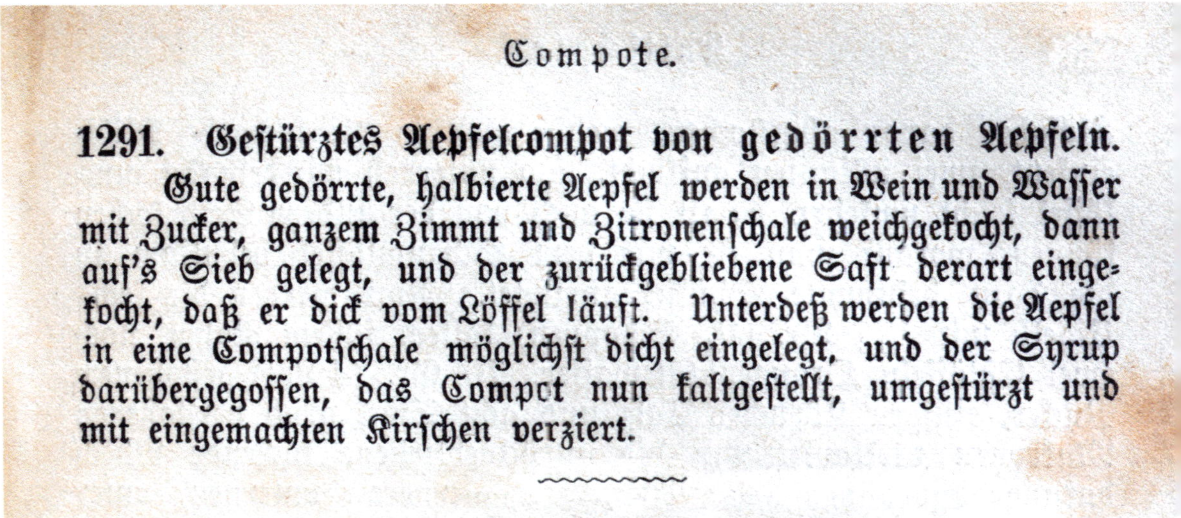

Compote.

1291. Gestürztes Aepfelcompot von gedörrten Aepfeln.

Gute gedörrte, halbierte Aepfel werden in Wein und Wasser mit Zucker, ganzem Zimmt und Zitronenschale weichgekocht, dann auf's Sieb gelegt, und der zurückgebliebene Saft derart eingekocht, daß er dick vom Löffel läuft. Unterdeß werden die Aepfel in eine Compotschale möglichst dicht eingelegt, und der Syrup darübergegossen, das Compot nun kaltgestellt, umgestürzt und mit eingemachten Kirschen verziert.

Rezept zur Verwertung von Äpfeln 1894: „Gestürztes Aepfelcompot von gedörrten Aepfeln".
Vor der Verbreitung des Einkochens in Gläsern um 1900 wurde Obst durch Dörren haltbar gemacht.

Monika Zeller, Kreisheimatpflegerin im Landkreis Unterallgäu und gelernte Köchin, kochte das Originalrezept nach und schrieb es neu.

Zutaten für 4 Personen:

4 halbierte und gedörrte Äpfel
125 ml Weißwein
125 ml Wasser
150 g Zucker
1 Zimtstange
ein Stück einer abgeriebenen Zitrone
16 Stück eingemachte Kirschen zum Garnieren

Zubereitung:

Für den Sud werden Weißwein, Wasser, Zucker, Zimtstange und die abgeriebene Zitrone aufgekocht und darin die halbierten und gedörrten Äpfel weich gekocht. Die Äpfel aus dem Sud nehmen und auf einem Sieb abtropfen lassen. Den Sud einkochen, bis dieser vom Löffel lange Fäden zieht. Die Zimtstange herausnehmen. Die Apfelhälften mit der gewölbten Seite nach unten in eine flache Form geben. Mit dem Sirup übergießen, damit die Äpfel bedeckt sind. Kalt stellen bis der Sirup fest ist. Anschließend auf eine Platte stürzen und mit den eingemachten Kirschen garnieren.

Ab 1870 erfuhr der Obstbau einen intensiven Aufschwung. Zahlreiche Firmen warben mit technischen Neuheiten zur Bewirtschaftung und Schädlingsbekämpfung. Geräte für Garten-, Forst-, und Weinbau; Gebrüder Dittmar, Heilbronn, Anfang 20. Jahrhundert.

„Für den Haushalt ist das Obst überaus wertvoll. Kinder verzehren mit großer Vorliebe frisches Obst. Und welchem Erwachsenem mundet ein weinsäuerlicher Apfel, eine saftige Birne, eine süße Kirsche nicht? Wer verachtet wohl einen schmackhaften Obstkuchen? Selbst dem Bedauernswerten, den eine heimtückische Krankheit ans Bett fesselt, bietet Obst wohltuende Erfrischung und Kühlung. In unendlich mannigfaltiger Art kommt das Obst auf den Tisch als Beilage, Zukost oder Nachspeise, roh, gekocht, gebacken oder konserviert."[38]

Werkzeug und Pflege

Karbolineum war ein häufig verwendetes Pflanzenschutzmittel, ursprünglich als Holzschutzmittel entwickelt, welches die Obstbauvereine ihren Mitgliedern als Universalmittel gegen Läuse und Pilzbefall empfahlen. Die chemische Behandlung sollte der Gesunderhaltung des Baumes dienen. Ein Verzicht auf den Einsatz von Gift bedeutete, Früchte mit Mängeln in Kauf zu nehmen. Spalierobst besaß durch den wandnahen Anbau zwar klimatische Vorteile, Schutz bot dies aber auch den Schädlingen selbst. So verzeichnete der Gartenbauverein Weilheim in seiner Chronik für 1920:

Pflanzenschutz mit einer Obstbaumspritze, Foto um 1935: Ziel der Obstbauvereine war der gemeinsame Kampf gegen Krankheiten und tierische Schädlinge. Die Pflanzenschutzindustrie bediente dieses Anliegen, indem sie passende Gerätschaften wie Baumspritzen und Chemikalien anbot.

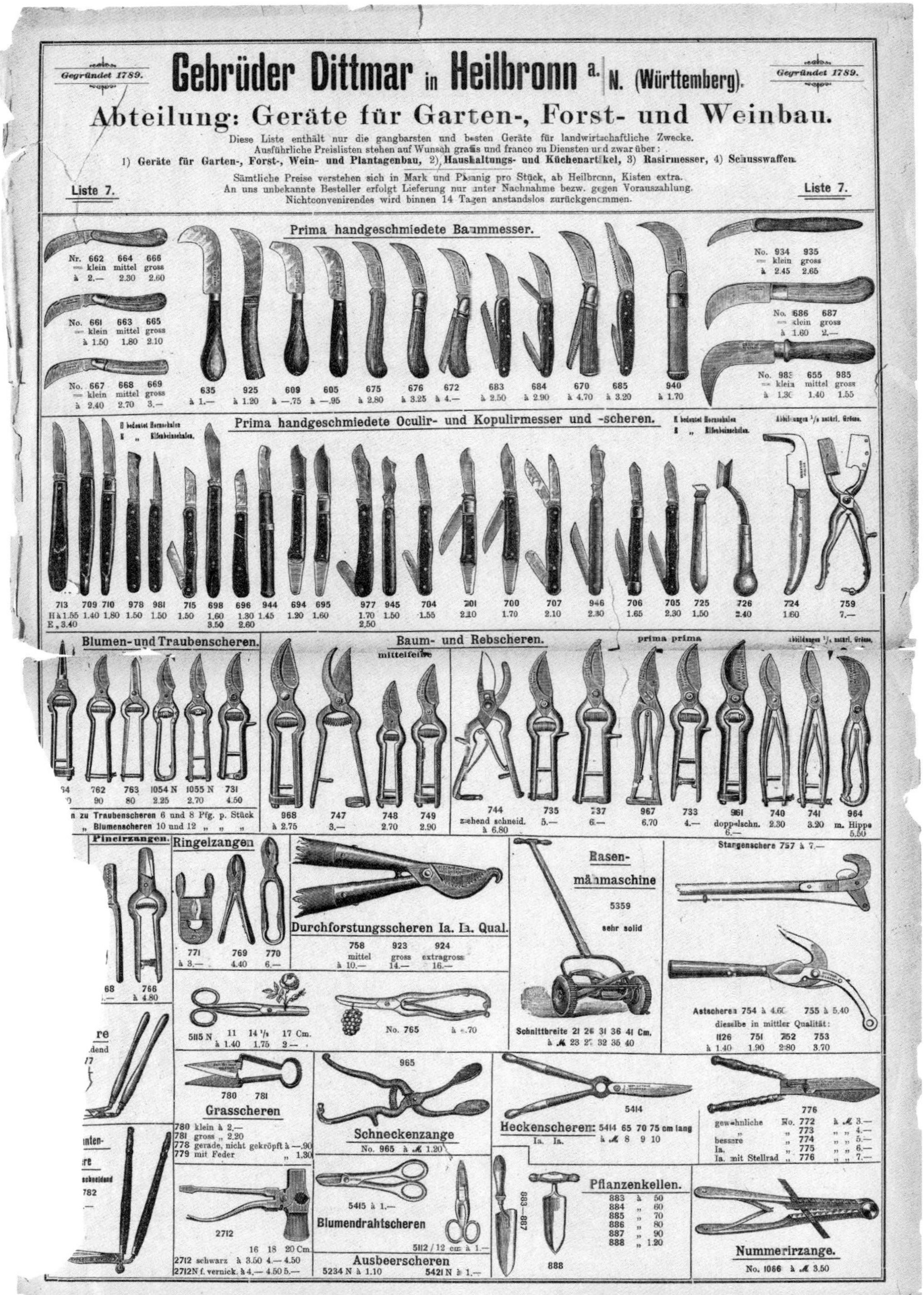

Gegründet 1789. **Gebrüder Dittmar in Heilbronn a. N. (Württemberg).** Gegründet 1789.

Abteilung: Geräte für Garten-, Forst- und Weinbau.

Diese Liste enthält nur die gangbarsten und besten Geräte für landwirtschaftliche Zwecke.
Ausführliche Preislisten stehen auf Wunsch gratis und franco zu Diensten und zwar über:
1) **Geräte für Garten-, Forst-, Wein- und Plantagenbau,** 2) **Haushaltungs- und Küchenartikel,** 3) **Rasirmesser,** 4) **Schusswaffen.**

Liste 7.

Sämtliche Preise verstehen sich in Mark und Pfennig pro Stück, ab Heilbronn, Kisten extra.
An uns unbekannte Besteller erfolgt Lieferung nur unter Nachnahme bezw. gegen Vorauszahlung.
Nichtconvenirendes wird binnen 14 Tagen anstandslos zurückgenommen.

Liste 7.

Prima handgeschmiedete Baummesser.

Nr. 662 664 666 = klein mittel gross à 2.— 2.30 2.60
No. 661 663 665 = klein mittel gross à 1.50 1.80 2.10
No. 667 668 669 = klein mittel gross à 2.40 2.70 3.—
635 à 1.— 925 à 1.20 609 à —.75 605 à —.95 675 à 2.80 676 à 3.25 672 à 4.— 683 à 2.50 684 à 2.90 670 à 4.70 685 à 3.20 940 à 1.70
No. 934 935 = klein gross à 2.45 2.65
No. 686 687 = klein gross à 1.60 2.—
No. 983 655 985 = klein mittel gross à 1.30 1.40 1.55

Prima handgeschmiedete Oculir- und Kopulirmesser und -scheren.

H bedeutet Hornschalen
E „ Elfenbeinschalen.
Abbildungen 1/3 natürl. Grösse.

713 H à 1.55 E „ 3.40 709 1.40 710 1.80 978 1.50 981 1.50 715 1.50 698 1.60 3.50 696 1.30 2.60 944 1.45 694 1.20 695 1.60 977 1.70 2.50 945 1.50 704 1.55 701 2.10 700 1.70 707 2.10 946 2.30 706 1.65 705 2.30 725 1.50 726 2.40 724 1.60 759 7.—

Blumen- und Traubenscheren.

…4 …0 762 90 763 80 1054 N 2.25 1055 N 2.70 731 4.50
…n zu Traubenscheren 6 und 8 Pfg. p. Stück
„ Blumenscheren 10 und 12 „ „ „

Baum- und Rebscheren. mittelfeine prima prima Abbildungen 1/3 natürl. Grösse.

968 à 2.75 747 3.— 748 2.70 749 2.90 744 ziehend schneid. à 6.80 735 5.— 737 6.— 967 6.70 733 4.— 961 doppelschn. 6.— 740 2.30 741 3.20 964 m. Hippe 5.50

Pincirzangen.

…68 … 766 à 4.80

Ringelzangen

771 à 3.— 769 4.40 770 6.—

Durchforstungsscheren Ia. Ia. Qual.

758 mittel à 10.— 923 gross 14.— 924 extragross 16.—

Rasen-mähmaschine

5359 sehr solid
Schnittbreite 21 26 31 36 41 Cm. à ℳ 23 27 32 35 40

Stangenschere 757 à 7.—
Astscheren 754 à 4.60 755 à 5.40
dieselbe in mittler Qualität:
1126 à 1.40 751 1.90 752 2.80 753 3.70

5115 N 11 14 1/2 17 Cm. à 1.40 1.75 2.—
No. 765 à –.70

…re …dend …7

…nten-…re …schneidend …782 …—

780 781 **Grasscheren**
780 klein à 2.—
781 gross „ 2.20
778 gerade, nicht gekröpft à —.90
779 mit Feder „ 1.30

965 **Schneckenzange** No. 965 à ℳ 1.20

5414 **Heckenscheren:** 5414 65 70 75 cm lang Ia. Ia. à ℳ 8 9 10

776
gewöhnliche No. 772 à ℳ 3.—
„ „ 773 „ „ 4.—
bessere „ 774 „ „ 5.—
Ia. „ 775 „ „ 6.—
Ia. mit Stellrad „ 776 „ „ 7.—

2712 16 18 20 Cm.
2712 schwarz à 3.50 4.— 4.50
2712N f. vernick. à 4.— 4.50 5.—

5415 à 1.— **Blumendrahtscheren**
5112 / 12 cm à 1.—
Ausbeerscheren 5234 N à 1.10 5421 N à 1.—

883—887 888
Pflanzenkellen.
883 à 50
884 „ 60
885 „ 70
886 „ 80
887 „ 90
888 „ 1.20

Nummerirzange. No. 1066 à ℳ 3.50

„Von den tierischen Schädlingen trat in einzelnen Ortschaften die Blutlaus geradezu verheerend auf und da wieder hauptsächlich in eingeschlossenen Gärten und an Spalierbäumen auf der Süd- und Ostseite an Gebäuden mit weiter vorspringenden Dächern."[39]

Baumscheiben: Ein Bereich rund um den Stamm des Baums, der von Bewuchs durch Hacken oder Abdecken mit Kompost frei gehalten wird. Baumscheiben sind bei jungen Bäumen eine wichtige Maßnahme zur Förderung der Gesundheit und Vitalität.

Das wichtigste Instrument zur Steuerung der Pflanzengesundheit bildete die Düngung, im Herbst empfahl man Kalk, Kali und Thomasmehl, im Frühjahr stickstoffreiche Jauche. Als Vorbereitung für den Winter empfahl man, die Baumscheiben umzugraben und mit Mist abzudecken. Die Bäume sollten im Herbst zusätzlich mit Kalk und Lehm bestrichen werden, nachdem sie von Moosen und Flechten befreit wurden. Hiervon versprach man sich einen Schutz gegen die Sonne im März, die die Entstehung von Frostplatten, abfallender Rinde, förderte.[40] Am Spalierobst verwendete man auch angehängte Leinwanddecken, Rohr- oder Strohmatten als Schutz vor einem Frostschaden.[41]

Spalierobst wurde intensiver und häufiger geschnitten als Obst von Hochstämmen. Auf diese Weise erreichte man eine künstlich erzeugte Verjüngung des Fruchtholzes mit vielen neuen Blüten. Der für die Erhaltung der Form erforderliche Schnitt und der Pflanzenschutz erforderten eine Reihe spezieller Werkzeuge, die ein exaktes und ermüdungsfreies Arbeiten ermöglichten. Mit dem Aufschwung des Obstbaus in der zweiten Hälfte des 19. Jahrhunderts entwickelte sich ein eigener Industriezweig für Gartenwerkzeuge, der aufbauend auf den traditionellen Gerätschaften der Hippe und Sichel neue, verfeinerte Hilfsmittel anbot.[42]

Die Gartenschere (Datierung: um 1950) ermöglichte ein schnelles Arbeiten und wurde nur für dünne Zweige verwendet. Andernfalls nutzte sich die Schere stark ab. Schnittwunden wurden leicht rissig und heilten schlecht.

Klapphippe zum Schneiden von Obst- und Ziergehölzen (Datierung: 1850–1900). Bis um 1850 war sie das Hauptwerkzeug des Gärtners und wurde auch zum Kopulieren und Pfropfen von Reisern verwendet.

Spaliersäge zur Entfernung kleiner Äste (Datierung: um 1900). Sägen wurden im Spalierobstbau häufig dort verwendet, wo eine Hippe nicht ausreichte, und sind ein Vorläufer der Astschere. Die engen Platzverhältnisse im Spalierbaum erforderten kleine, zierliche Sägen mit feiner Zahnung. Diese erzeugte eine glattere Schnittfläche und förderte damit die Wundheilung.

Und in Bayern? Spalierobst in Schwaben

Der Obstbau entwickelte sich in Bayern sehr unterschiedlich und erreichte erst nach dem Ersten Weltkrieg einen für alle Regionen gleichwertigen Entwicklungsstand. In Unterfranken ließ sich bereits um 1790 ein planmäßiger Obstanbau an Straßen und Feldern verzeichnen.[43] Erst zu Beginn des 19. Jahrhunderts, mit der Gründung des Königreichs Bayern 1806 und der Einrichtung zentraler landwirtschaftlicher Bildungseinrichtungen, erlebte dieser eine einheitlichere Wachstumsentwicklung. Die entscheidenden Neuerungen in der bayerischen Landwirtschaft gingen von der Gründung von Vereinen und Verbänden aus. Die Gründung der staatlichen Baumschulen in Weihenstephan 1827 und Triesdorf 1834 trugen langfristig dazu bei, dass der Obstbau sich durch die Zucht von standortgerechten Sorten zu einer breiten landwirtschaftlichen Anbaukultur „für jedermann" entwickelte.

Wandobst

Ungeeignete Böden und ein zu kaltes Klima waren bisher als ein Argument gegen den bayerischen Obstbau angeführt worden.[44] Eine Strategie für den „Obstbau in rauhen [sic] Lagen", den hoch gelegenen Gebieten, entdeckte man mit der Nutzung hausnaher Anbauformen. Neben dem traditionellen Grasobstgarten in Hausnähe verbreitete sich die direkte Bepflanzung von Gebäudeflächen mit Wandobstbäumen am Spalier. Die im Allgäu und Oberbayern vorkommenden weiten Dachvorsprünge der Häuser boten den passenden Schutz vor den gefürchteten Spätfrösten und wurden als idealer Pflanzstandort offeriert.

Das Ziel lautete: „Tafelobst gehört an die Wand". Die Obstbauvereine und Lehranstalten warben zugleich mit dem besonderen Anspruch der Bewohner, ihre Häuser zu verschönern, und trafen damit um 1900 auf eine architektonische Vorstellungswelt, die diese Ästhetik mit Begeisterung aufnahm: Das Natürliche in Gestalt von Pflanzen sollte in die eigene Lebenswelt eingebunden werden, mit Blättern bedeckte Wände galten als Zeichen von Leben und von Schönheit.

Mit Spalierobst lassen sich Freiflächen an Fassaden wirtschaftlich ausnutzen. Eine rund 20 Jahre alte Birne als Spalierbaum am Stadel aus Nattenhausen auf dem Museumsgelände. Foto 2022.

Bild S. 32: Birnenspalier als Palmetten an der Rückseite eines Stallgebäudes bei Donauwörth. Im Vordergrund ist der Misthaufen erkennbar, dazwischen der Treibweg für die Kühe zur Weide. An den Fenstern sparte man die Spaliere sorgsam aus. Ein Stacheldrahtzaun schützte die Bäume vor den frei laufenden Tieren und zeigt, wie wertvoll dem Besitzer sein Spalier gewesen sein musste. Foto von 1931.

Die an ihnen wachsenden Früchte waren ein Symbol von kleinem finanziellem Wohlstand. Man wurde zum Besitzer von edlen Früchten und beschaffte sich dadurch ein kleines Stück Luxus.

Obst wurde zu einem Universallebensmittel erhoben, das einen Beitrag zur Volksgesundheit leisten und als Handelsprodukt den ökonomischen Wohlstand steigern sollte. Obst musste hierfür festgelegten Qualitätskriterien genügen, denn nur gutes Obst war wertvoll. Tafelobst mit feinen Früchten empfahl man für den Anbau in den Gärten, wo eine intensivere Pflege und ein wärmeres Klima gute Wachstumsbedingungen versprachen. Das sogenannte Wirtschaftsobst wurde weiterhin als Hochstämme in Baumfeldern und an Straßen angebaut.[45] Eine eigene Wissenschaft über den Obstbaum, die Pomologie, befasste sich mit unterschiedlichen Sorten und Anbaubedingungen. Für höher gelegene und exponierte Lagen ab 600 Meter über dem Meeresspiegel wurde der Anbau am Spalier besonders empfohlen.[46]

Teilnehmer eines Obstbaukurses an der Obstbauschule Schlachters bei Lindau am Bodensee mit einer Spalierobstbepflanzung am Schulgebäude im Jahr 1919. Bis heute haben viele Obstbauern in Schlachters ihr Fachwissen erworben, auch in der Spalierzucht, die zu dieser Zeit eine stark nachgefragte Anbaumethode war.

Vom Wein zum Obst

Bayern war um 1900 abhängig von Obstimporten. Dies führte zu staatlichen Maßnahmen, die Anbauflächen für Obst massiv auszuweiten und den Umgang damit zu professionalisieren. Um dieses Ziel zu erreichen, galt es, neben den Bauern auch Kleingartenbesitzer und Landbewohner einzubinden. Vielerorts hatte man dem Obstbau zuvor keine Chance gewährt. Spalierobst bildete neben der Auswahl von standortgerechten Sorten eine der Strategien, dieser verbreiteten Ansicht entgegenzutreten. Die Obstbauvereine bildeten hierfür eine neue, lokale Organisationsform.[47]

Zwischen 1880 und 1900 hatte sich die Zahl der bayerischen Obstbäume nahezu verdoppelt. Übrig gebliebene Freiflächen an Gebäuden und Mauern rückten in den Fokus, um den heimischen Handel unabhängiger von

Spalierobstanbau in Wasserburg-Hochsträß 1950: Der Landwirt Julius Schmid besaß einen Obstbaubetrieb am bayerischen Bodenseeufer. Neben klassischen Baumwiesen mit Hochstämmen legte er 1936 neue Spalierobstplantagen an. Die Aufnahme zeigt ihn beim Winterschnitt einer „belgischen Hecke".

Werbeplakat aus dem Jahr 1927: „Schwäbische Obst- und Honigwochen mit Jubiläumsausstellung des Kreisvereins für Bienenzucht und Obstbau, Bürgerhalle Augsburg, 1. Okt. bis 10. Okt. 1927".

Als Tafelobst bezeichnet man Früchte, die sich für den direkten Verzehr eignen und deren innere und äußere Merkmale keine Schäden aufweisen.

Obstimporten werden zu lassen. Am Spalier wurden diejenigen Sorten angebaut, die auf ein geschütztes Anbauklima angewiesen waren oder durch den intensiven Schnitt hohe Erträge versprachen und später im Verkauf als feines Tafelobst gehandelt werden konnten. Am bayerischen Bodenseeufer, einem klassischen Obstanbaugebiet, ersetzten Hochstammobstbäume und später Spalierobstbäume ab 1800

Obstbau wurde zu einem Beschäftigungsfeld für die ganze Bevölkerung. Eine Leserfrage aus dem nordschwäbischen Reimlingen in der Verbandszeitschrift der bayerischen Obstbauvereine dokumentiert die Auseinandersetzung mit Spalierobst in einem Privatgarten im Jahr 1910:

„Frage: Ich beabsichtige in meinem Garten ein freistehendes Spalier mit senkrechten Apfel-Kordons längs eines Zaunes, nach Südwesten gerichtet, anzupflanzen. Welche Sorten sind geeignet? Wie tief und breit muß der Boden rigolt werden? Die Lage ist hoch und trocken. J. K. i. Remlingen b. Nördlingen."

„Antwort: Der Boden muß Uft–2 Meter breit und 0.80–1 Meter tief gerottet werden. Vorher ist Vorratsdüngung – per Quadratmeter 200 Gramm Thomasmehl (in kalkarmem Boden bis 500 Gramm Dungkalk, 50 Gramm Kainit, wenn genügend Holzasche vorhanden sein sollte –, breitwürfig auszustreuen, Kainit viel vorteilhafter, indem man bis 500 Gramm Holzasche breitwürfig ausstreut. Für schweren Boden hat sich das Einrotten von . [sic] Komposterde oder Torfmull sehr bewährt. Als geeignete Apfelsorten werden empfohlen: Charlamovsky, Klarapfel, Hagedornapfel, Landsberger Renette, Baumanns Renette, Goldparmäne, Lord Suffield, Renette aus Paradies veredelt."[52]

Ein Mitarbeiter des Landwirts Julius Schmid bei der Bodenbearbeitung in einer Neuanpflanzung von Spalierbäumen in Wasserburg-Hochsträß, Mittelseemoos, um 1948.

den durch einen Befall mit der Blutlaus abnehmenden Weinbau. Obst war in Lindau eines der Hauptnahrungsmittel. Die Abfälle aus dem winterlichen Obstbaumschnitt dienten sogar als wertvolles Heizmaterial.[48] Auch in weiten Teilen des Alpenraums ersetzten vor allem Äpfel und Birnenbäume den Weinanbau, ganze Obstbaumwälder entstanden im Alpengebiet zwischen Frankreich, Süddeutschland und Österreich. Die gezielte Züchtung von Sorten begann dabei erst Ende des 18. Jahrhunderts und beschleunigte diesen Prozess.[49]

Verbreiter der Edelbäume

1894 gründete sich aus mehreren regional entstandenen Obstbauvereinen der Bayerische Landesverband für Obst- und Gartenbau, dem künftigen Zentralorgan mit Sitz in Nürnberg. Die Bemühungen um zahlreiche Vereinsgründungen zeigten rasch einen nachweisbaren Erfolg. 1911 stellte man auf der 30. Wanderversammlung in Günzburg zufrieden fest, dass der Spalieranbau „im Ausbau begriffen" sei, die Anlage von Insektengürteln und das Bespritzen der Bäume mit Kupferkalk und Kupfersoda mit Erfolg verwendet und die Förderung von Baumwärtern lohnenswert sei.[51]

In den Obst- und Gartenbauvereinen setzte man dieses Wissen in die Praxis um. Im Mittelpunkt standen die Abhaltung von Vorträgen für die Mitglieder, die Beauftragung von ausgebildeten Baumwarten und der Verkauf von Obstbäumen und Beerensträuchern. Bei Neupflanzungen hatte der Besitzer die Pflanzgrube auszuheben, den Standort und die Verteilung der Bäume bestimmte anschließend der Baumwart.[52]

Im Nationalsozialismus erfuhr der Obst- und Gartenbau durch die Forderung nach einer umfangreichen Obstverwertung in jedem Haushalt einen intensiven Ausbau und Höhepunkt. Eine „Generalreinigung" in den Gärten und Dörfern sollte dem Anbau von Obst und Gemüse Platz verschaffen und die selbst angebauten Lebensmittel an der sogenannten „Erzeugungsschlacht" teilhaben. Verwertungskurse zur Haltbarmachung und Veredlung von Obst durch

Titelseite einer Sonderbeilage der Zeitschrift „Gartenschönheit" um 1935. Der Obstbau sollte auch für die Hausfrau zu einem attraktiven und angenehmen Nebenerwerb werden. Während des Nationalsozialismus wurde er ein Bestandteil der sogenannten Erzeugungsschlacht.

Werbeanzeigen verschiedener Firmen zur Obstbaumzucht in einer Verbandszeitschrift für die Mitglieder der bayerischen Gartenbauvereine 1934: Markenbezogene Schädlingsbekämpfungsmittel werden zu einem wichtigen landwirtschaftlichen Produkt und verdrängen traditionelle Bewirtschaftungsmethoden zunehmend.

Der Wegweiser im Obst- und Gartenbau

Das bewährte
Spritzmittel
gegen Schorf und zahlreiche andere Pilzkrankheiten im Obst- u. Gartenbau ist
Kupferkalk Wacker
Einfach in der Anwendung, sicher in der Wirkung
Zu beziehen durch Obst- und Gartenbau-Bedarf Bayern Nürnberg-W, Sandstr. 8, sowie durch die Händler
Fabriklager in Kitzingen, München, Nürnberg, Würzburg
DRAWIN-Gesellschaft m.b.H.
Gartentechn. Abteilung
München
Prinzregentenstr. 20

HERCYNIA „NEUTRAL"
gegen Obstmaden Raupen Schorf
Zu beziehen durch
Obst- und Gartenbaubedarf Bayern, e. G. m. b. H., Nürnberg-W, Sandstraße 8.

Süßmost
Geräte Pressen, Flaschen, Kappen
K. Richle Schacidbein

Obstbäume
Baumschulen August Seebauer
Verlangen Sie Preisliste. – Ausführung v. Gartenanlagen.

Fritz Pfann, Nürnberg
Samenhandlung, Augustinerstraße 1
Kopfsalat
Pfann's Schutzmarke
Pfann's neuem Hauptkatalog
Zustellung kostenlos und portofrei.

Achtung!
Bei Bedarf an
Obstbäumen aller Art u. Form
sowie Beerenobst, Rosen etc. empfiehlt sich
Vereinigte Obstbaumschulen e. G. m. b. H.
Beste Bezugsquelle für Großankäufe von Obstbauvereinen, Gemeinden, Baumwarte, Straßen- und Flußbauämter usw.

Billige Nisthöhlen aus Holz

W. Aldinger
Baumschulen
Feuerbach-Stuttgart

Die säende Hand
das Symbol für Wachsen u. Gedeihen
blühfreudiger Blumen und schmackhafter Gemüse ist Qualitätszeichen für die nicht zu übertreffenden Heinemann Samen, auf die viele Zehntausende
treuer Kunden schwören. Kostenlos erhalten Sie unser 200 Seiten starkes reich bebildertes Kultur- und Preisbuch mit vielen Ratschlägen. Porto- und verpackungsfreie Lieferung nach unseren Verkaufsbedingungen.
Großgärtnerei seit 1848
F.C.Heinemann
Erfurt 32

Wertvolle Bücher
die in keiner Bibliothek fehlen dürfen, sind:
Gesundes Obst durch planmäßige Schädlingsbekämpfung.
Die Süßmostbereitung.
Die Beerenweinbereitung.
Die Obstweinbereitung.
Bayerische Obstsortenliste.
Das Einkochen von Obst, Gemüse, Pilzen u. Fleisch für den Haushalt.
Anleitung für die Sortierung und Verpackung des Kernobstes.
Obst- und Gartenbaubedarf Bayern, e. G. m. b. H., Nürnberg-W, Sandstraße 8.

50 Meter verzinktes Drahtgeflecht kosten:
Otto Christ, Memmingen

Hast Du schon
Dorflieder

Obstbäume
Beerenobst aller Art
Baumschulen J. Kupfer
Weinreben
und alle Pflanzen für den Garten
Baumschulen Wörlein, Diessen a. A.
Kataloge portofrei.

Empfehlenswert ist, sich bei Bestellungen auf den Wegweiser zu beziehen.

Auspressen, Destillieren, Dörren oder Einkochen standen im Mittelpunkt der gezielten Maßnahmen. Spalierobst sollte einen Beitrag zur Selbstversorgung im Haushalt leisten und als Dorfverschönerung eine Vorbildwirkung besitzen. Die Absicherung der Ernährungssicherheit galt als entscheidendes Stabilitätskriterium im Kriegsfall.

Bis um 1950 blieb der Spalierobstanbau in Deutschland verbreitet, wenngleich er wegen seines hohen Pflegeaufwands immer ein Liebhaberprodukt gewesen ist und nur dort in der Breite etabliert werden konnte, wo eine ausreichende obstbauliche Erfahrung vorhanden war. An zahlreichen Wohn- und Nutzgebäuden Anfang des 20. Jahrhunderts entstanden, auch gefördert durch die Gartenbauvereine, Spalierobstanpflanzungen. Zeitgleich veränderte sich das Nutzungsverhalten, ein Überangebot an Waren aus dem Ausland durch internationale Warenströme ließ den nicht marktfähigen Eigenanbau von Obst zugunsten von Ziergewächsen überflüssig werden. Obstbauvereine verloren an Mitgliedern, die staatlichen Förderungen für Neupflanzungen von Obstbäumen wandelten sich in Rodungsprämien.[53]

Um 1950 sank die Bedeutung von Spalierobst im Erwerbsobstbau.[54] In den 1960er-Jahren beendete die neue Erziehungsform des Spindelbuschbaums als Niederstammplantage den Spalieranbau. Es folgte eine Schwemme von billigem Plantagenobst. Damit einher ging die Einführung neuer Schnittmethoden, die auf eine naturnahe und wesentlich einfachere Kronenerziehung zielte. Sie setzte sich auch zeitverzögert in den Hausgärten durch und ließ das anspruchsvollere Spalierobst in den Hintergrund treten.

Tagebuch eines Wanderlehrers

Mehrere Faktoren führten im 19. Jahrhundert zu einem Aufschwung der bayerischen Landwirtschaft und damit auch des Obstbaus. Mit dem Ende der Feudalherrschaft und der Leibeigenschaft wurden die Bauern zu Eigentümern ihrer Nutzflächen und bestimmten deren Anbau erstmals selbst. Durch die Einführung der Schulpflicht in Bayern ab 1803 wurde einer landwirtschaftlichen Bildung Vorschub geleistet. Der Obstbau an Wänden symbolisierte einen Teil dieses „bayerischen Aufschwungs".

Eine Organisation, die an diesem Aufschwung maßgeblich beteiligt war, bildete der landwirtschaftliche Verein in Bayern, in Schwaben der landwirtschaftliche Kreisausschuss für Schwaben und Neuburg. Er unterstützte die Entwicklung der Obstkultivierung und damit des Spalierobstanbaus in Bayern umfassend, indem er Wanderlehrer für Obstbau in alle Regionen Bayerns entsendete. Hierfür wurde Schwaben in einen südlichen und nördlichen Wanderlehrbezirk unterteilt, der alle Städte und Dörfer abdeckte.

Vielen Menschen fehlte bislang das Wissen um den richtigen Umgang und die Pflege von Obstgehölzen, zeitgenössische Beobachtungen kritisieren eine zum Teil mangelnde Bereitschaft in der ländlichen Bevölkerung, das neue Fachwissen anzunehmen. Mit den neu geschaffenen Vermittlungsstrukturen unterstützte der Landwirtschaftliche Verein die regionalen Bezirksvereine. Diese warben für Vereinsneugründungen, gaben Verwertungskurse für Obst, vermittelten Edelreiser, berieten vor Ort abhängig von den lokalen und klimatischen Verhältnissen zur Auswahl geeigneter Sorten und Bezugsquellen, förderten den Obsthandel und dessen Transportwesen, kooperierten mit Pflanzenschutzfirmen zur Bekämpfung von Schädlingen und Krankheiten, nahmen Kontakt mit Besitzern größerer Obstplantagen, Obstzüchtern sowie Baum- und Straßenwärtern auf und organisierten die breit angelegte Anpflanzung und Pflege von Obstbäumen an Staatsstraßen- und Wegrändern, Gemeindeflächen und Viehweiden.

Durch die institutionelle Tätigkeit wurde der Spalierobstanbau in Schwaben auf breiter Ebene beworben und nach den Städten auch in die Dörfer und an die Wände ländlicher, vielerorts landwirtschaftlich genutzter Gebäude gebracht. Der Aufschwung vollzog sich angesichts dieser Bedingungen rasant, zwischen 1900 und 1907 wurden in Bayern rund 26 Millionen Obstbäume unterschiedlicher Erziehungsformen gepflanzt und die Entwicklung vorangetrieben, neben dem Obstbau auch die Bienenzucht einzubinden.[55]

Aufgabe der Wanderlehrer war es, Obstsorten zu bestimmen, den Verkauf des von Mitgliedern erzeugten Obstes zu unterstützen, Obstausstellungen mit Prämierungen durchzuführen und gegen den Hausierhandel von Obstbäumen minderwertiger Qualität vorzugehen.[56] Das Interesse am Obstbau wuchs durch diese Maßnahmen, gemeinsam mit den Baumschulen wurden ausgewählte, ertragreiche Sorten für unterschiedliche Anbaulagen verbreitet. Lehrern, Geistlichen und Verwaltungsbeamten bot man eigene Obstbaukurse an, denn deren Gärten besaßen eine Vorbildwirkung. Man widmete sich verstärkt der Anbauberatung von Obstspalieren an Hauswänden, Fabrikgebäuden und Schulen, weil man sich dadurch einen Beitrag zur Gesundheit der Bevölkerung durch eigenes Obst und zur Verschönerung der Dörfer erhoffte.[57]

Tagebucheinträge der schwäbischen Wanderlehrer geben Einblicke in die regionale Entwicklung des Obstbaus. Vom 14. bis 17. November 1900 entsendete der landwirtschaftliche Kreis-Ausschuß von Schwaben und Neuburg mit Sitz in Augsburg den Kreis-Obstbaum-Wanderlehrer Joseph Wein aus Augsburg-Pfersee nach Oberrammingen bei Mindelheim für einen viertägigen Obstbaukurs. Aus den Tagebuchnotizen erfährt man, dass auch Spalierobst ein Gegenstand der Beschäftigung war, welches dort seit Längerem angebaut wurde:

> *„Der Obstbaukurs in Oberrammingen war durchschnittlich von 30–40 älteren u. jüngeren Teilnehmern besucht. Sehr großes Interesse wurde gezeigt über Spalierbaumzucht und Schnitt. Auffallend viele Kunstspaliere finden sich dort an den Hauswänden.“*[58]

Im Juli 1901 reiste der Wanderlehrer Joseph Wein nach Egg an der Günz, um einen Kurs zur „rationellen Baumpflege“ abzuhalten. Er informierte darin über die Erziehung und das Schneiden von Spalierbäumen und feiner Formobstbäume und verdeutlichte dies durch Zeich-

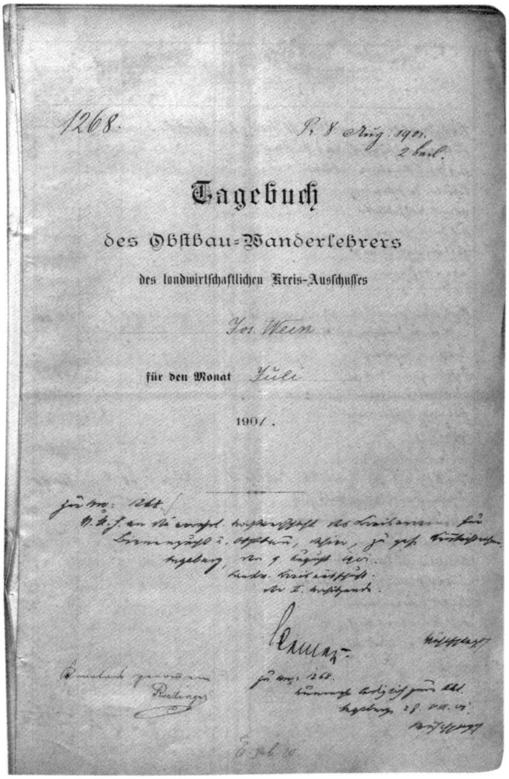
1268.

Tagebuch

des Obstbau-Wanderlehrers

des landwirtschaftlichen Kreis-Ausschusses

Jos. Wein

für den Monat Juli

1901.

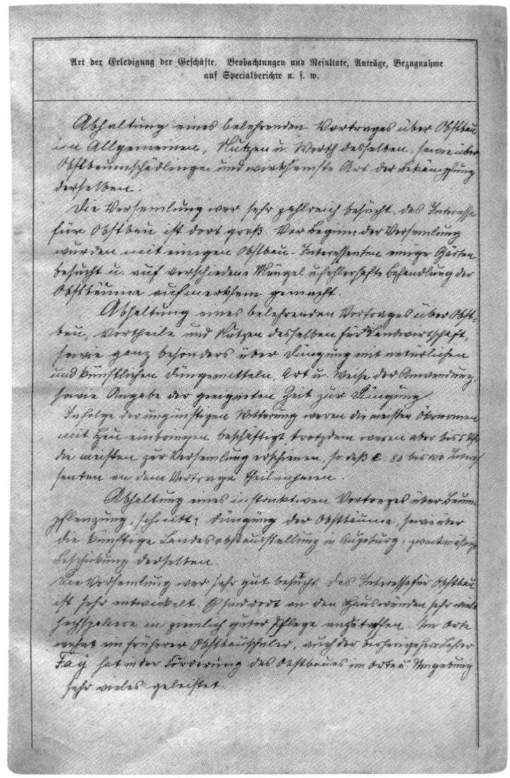
Art der Erledigung der Geschäfte. Beobachtungen und Resultate, Anträge, Bezugnahme auf Specialberichte u. s. w.

Handschriftliche Aufzeichnungen des Obstbau-Wanderlehrers Joseph Wein aus Augsburg mit Notizen über die Verbreitung von Spalierobst in Egg an der Günz, Ldkr. Unterallgäu, aus dem Jahr 1901. Wanderlehrer wurden vom Landwirtschaftlichen Verein in Bayern, in Schwaben der Kreisverband Schwaben und Neuburg, beauftragt und hatten über ihre Reisetätigkeit ein Tagebuch zu führen.

nungen, die er an eine große Schultafel skizzierte. Betont wurde der Vorteil vom Spalieranbau, einen frühen Ertrag bei sehr geringem Platzbedarf zu erhalten.[59] Zur Anpflanzung empfahl man zwei- bis vierjährige Bäume, die in der Baumschule vorformiert wurden. Junge und krautartige Triebe wurden mit Binsen und Bast an das Spalier geheftet, verholzte, bereits stärkere Äste mit Weiden.

Der Anbau am Spalier wurde regelmäßig erwähnt und belegte damit, dass in Schwabens Dörfern ab den 1870er-Jahren eine zunehmende Verbreitung stattfand, die um die Jahrhundertwende zur Ausbildung stattlicher und sichtbarer Hausspaliere im Alter von 15 bis 30 Jahren führte. Einen bedeutenden Anteil an der Verbreitung besaßen die Lehrer und deren Schulgärten.[60] Joseph Wein notierte nach seinem Besuch in Egg an der Günz am 29. Juli 1901:

> *„Die Versammlung war sehr gut besucht, das Interesse für Obstbau ist sehr entwickelt. Es sind dort an den Hauswänden sehr viele Hochspaliere in ziemlich guter Pflege anzutreffen. Im*

Orte wohnt ein früherer Obstbauschüler, auch der bisherige Herr Lehrer Fey hat in der Förderung des Obstbaus im Orte um Augsburg sehr vieles geleistet."

Die Anzahl der Baumbestände und die Anbauziele unterschieden sich in den einzelnen Kreisen Schwabens voneinander. In Fellheim beispielsweise dominierte um 1900 der Obstbau im Garten, Streuobstwiesen mit Hochstammbäumen waren im Gegensatz zu anderen Kreisen dort nur auf wenigen Flächen vorhanden, weshalb man für deren Vergrößerung warb. Das Ziel war der Anbau von gutem, billigem Obst in großen Mengen und keinem Luxusobst. Dies bestätigten die verzeichneten Baumbestellungen aus Fellheim und Umgebung für das Jahr 1897. Es wurden 48 Apfelbäume bestellt, davon 40 Hochstämme, sechs Pyramiden und zwei Spaliere. Formobst war für Äpfel, Birnen und Pflaumen zwar zu einem üblichen Produkt geworden, blieb aber in der Anzahl der Neupflanzungen hinter einfachen Baumformen zurück.[61] Der Obstgarten am Haus wurde zum Leitbild einer „gepflegten Umgebung" und Obstbäume, auch entlang von Verkehrsstraßen, ein wachsendes und sichtbares Element der Haus- und Kulturlandschaft in den schwäbischen Dörfern und Fluren.

Formobst war somit Anfang des 20. Jahrhunderts zu einer gleichwertigen Anbauform für Obst nach dem Hochstamm geworden. In einzelnen Gegenden wie dem Günztal, einem Gebiet entlang der Günz zwischen dem Allgäu im Süden und Günzburg im Norden, beobachtete man eine besonders starke Verbreitung des Spalierobstes, das so eine sichtbare Vorbildfunktion auf andere Regionen ausüben konnte.[62]

Obstbau in der Stadt

Pomologische Schriften zum Obstanbau und zur Obstbaumpflege waren in Schwaben bereits Anfang des 19. Jahrhunderts an einen großen Leserkreis verbreitet worden und enthielten neben allgemeinen Anleitungen zur Obstbaumpflege auch spezielle Hinweise für den Spalierobstanbau. Im „Obstbau-Freund" der Gartenbaugesellschaft Frauendorf wird dem Leser 1830 erklärt, wie man mit Spalierobst bei Birnen umzugehen hat:

„Sind die Bäume im Herbst verpflanzt worden, so wartet man mit dem Beschneiden der Gipfel bis zum Frühling. Im März köpft man sie etwa 4 bis 5 Augen über der Veredlungsstelle ab. Sie werden nun starke Schossen und eine Menge Seiten-Zweige machen, unter denen man die besten zur Bekleidung des Spaliers wählen kann."[63]

Diese Empfehlungen wurden in der Bevölkerung aufgegriffen. Für Mindelheim konnte bereits 1859 beobachtet werden, dass „zu hunderten" Obstbäume mit Äpfeln, Birnen, Zwetschgen, Pflaumen, Kirschen, Aprikosen, Pfirsichen und Walnüssen in der Umgebung

Plan des Bezirksgärtnermeisters Josef Paintner aus dem Jahr 1920 für eine Spalierobstanlage im städtischen Schulgarten, die aus finanziellen Gründen nicht umgesetzt wurde.

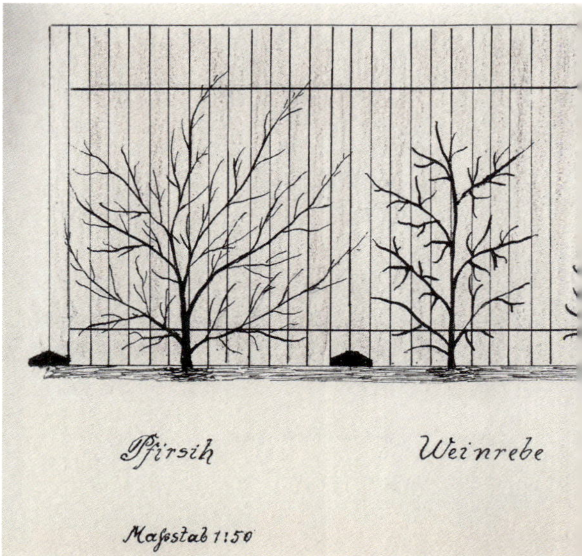

Augen sind eine andere Bezeichnung für Knospen. Dies sind „Wachstumspunkte", welche die Vegetationsruhe überdauern und aus denen in der folgenden Vegetationsperiode der Austrieb von Spross oder Blüte erfolgt. In der Knospe ist in Miniaturform bereits alles angelegt, was zum Austrieb in der folgenden Vegetationsperiode benötigt wird.

Wohnhaus von Ferdinand Dröber (im Bild am Fenster im ersten Stock), Onkel des schwäbischen Dichters Arthur Maximilian Miller, in Mindelheim, Ldkr. Unterallgäu, Anfang des 20. Jahrhunderts. Man lässt sich stolz mit Haus und Garten fotografieren, um den eigenen Besitz zu zeigen. Der städtische Einfluss auf die Gartengestaltung ist unverkennbar. Akkurat gesetzte Spaliere geben ein verbreitetes Phänomen um die Jahrhundertwende wieder.

der Stadt, den Stadtgräben sowie in den Gärten zu finden seien, darunter allein 18 verschiedene Apfel- und 14 Birnensorten. Die Chronisten der Stadt verwiesen aber auch auf eines der größten Probleme im Obstbau: die Unbeständigkeit zwischen guten und ertraglosen Obstjahren bedingt durch Spätfröste bis in den Mai und Schädlingen wie dem Maikäfer, denen man bis zur Verbreitung von chemischen Giften wenig entgegenzusetzen hatte.[64]

Obstreiche Jahre bedeuteten in Mindelheim, dass viel Obstwein hergestellt wurde. Auch die Bienenzucht profitierte von der hohen Anzahl an Blüten, die eine große Honigernte versprachen. Obstbau und Bienenzucht bedingten sich künftig zusammen, vereinsmäßig organisiert wurde beides erst 1900 im Zuge der breiten Gründungswelle von Obstbauvereinen.

1912 veranstaltete der Obstbauverein Mindelheim erstmals eine eigene Obstausstellung anlässlich der 31. Wanderversammlung des Kreisvereins für Obstbau- und Bienenzucht von Schwaben und Neuburg. Neben Vorträgen beinhaltete das Programm eine Schau von Obsterzeugnissen, Werkzeugen und Baumschulerzeugnissen und die Präsentation der Früchte von „Zwergbäumen und Spalieren aller Art".[65]

1920 plante die Stadt Mindelheim die Anlage eines Schulgartens für die Volkshauptschule, die Tagesfortbildungsschule und die Haushaltungsschule. Für einen zugehörigen Obstgarten auf dem Gelände des Knabenschulhauses sah der Plan des Bezirksgärtnermeisters Josef Paintner neben Hochstämmen, Halbhochstämmen, Buschbäumen und Pyramiden auch fünf Spalierbäume vor. Paintner sollte nach den Vorgaben des Bezirksamts Mindelheim künftig

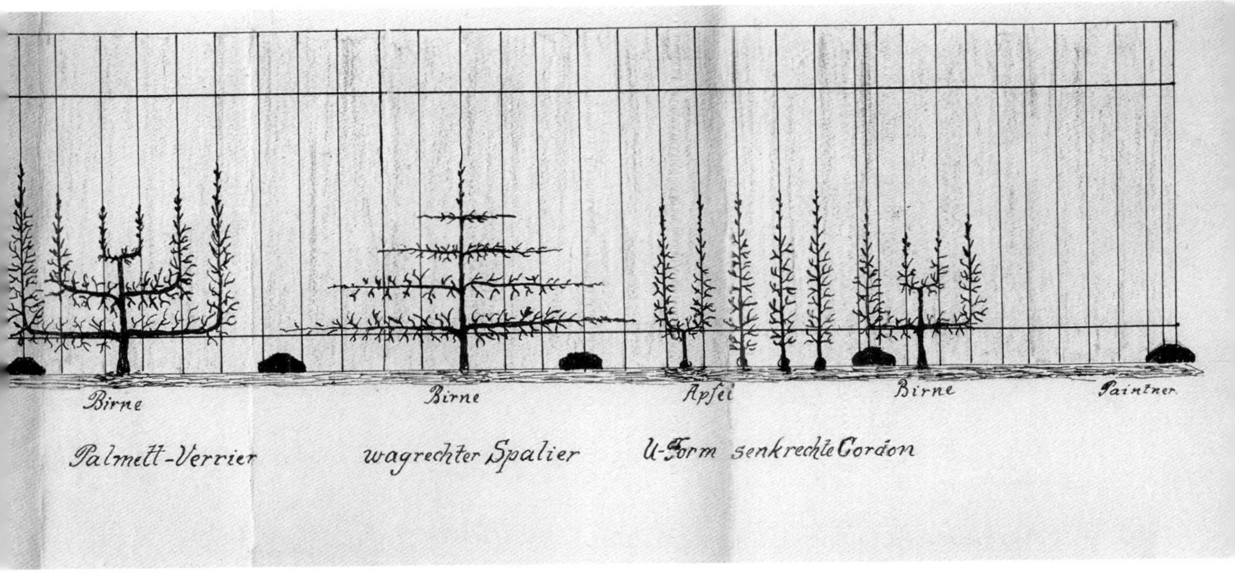

Bauernhof „Wopter" in Zaumberg, Ldkr. Oberallgäu, mit einer mehrere Jahrzehnte alten Spalierbirne an der Giebelseite. Foto um 1900.

zwei Wochenstunden Unterricht zum Obstbau, der Bodenbehandlung, der Schädlingsbekämpfung und dem Baumschnitt abhalten. Der Schulgarten sollte zu einem praktischen Demonstrationsobjekt werden.

Für die Anpflanzung des Spalierobstes sollte eine 63 Quadratmeter große hölzerne Bretterwand errichtet werden, getragen von massiven Betonpfosten. Die beidseitige Bepflanzung sah auf der Südseite Pfirsiche, Wein, Birnen und Äpfel vor, an der Nordseite Schattenmorellen und Frühäpfel. Die Kosten für die Anschaffung der Bretterverschalung und der Spalierlatten wurden auf 2000 Mark beziffert. Dem Stadtrat war diese Investition zu hoch, weshalb Paintner die Spalierobstanlage nicht umsetzen konnte und sie zugunsten eines vereinfachten Schulgartenplans verwerfen musste.[66]

Obstbau im Bergdorf

In Oberstaufen zählte man um 1900 viele rund 60 Jahre alte Obstbäume, deren Pflanzung auf die Anfänge der Pomologiebewegung in Bayern zurückzuführen war, sich jedoch wegen fehlendem Wissen um die Auswahl standortgerechter Lokalsorten in einem ertragsschwachen und ungepflegten Zustand befanden. So gründete sich 1904 der Obstbauverein Oberstaufen mit 35 Mitgliedern aufgrund der Vorbildwirkung des Spalierobstanbaus, welcher in das raue Klima Oberstaufens mit seinen langen, schneereichen Wintern und einer kurzen Vegetationsperiode hervorragend zu passen schien. Vorausgegangen waren Bemühungen des Kemptener Spitalverwalters Johann Schädler, der sich ausschließlich mit dem Anbau von Spalierobst befasste, welches die Zeitgenossen als „bahnbrechend" empfanden. Man versprach sich vom Spalierobst neben dem Hochstamm die beste Strategie für einen künftig erfolgreichen Obstbau, um dessen Qualität es in vielen Regionen schlecht bestellt war.

Die Motivation des neuen Gartenbauvereins gründete sich darauf, unterstützt durch einen angestellten Baumwart, eine professionelle, gewinnbringende Obstbaumzucht einzuführen. Man erkannte, dass auch die Formen des Zwerg- und Buschobstbaums für die alpine Region ungeeignet waren. Reihenweise gingen diese Bäume ein, da sie aufgrund ihrer niederen Wuchshöhe Verbissschäden durch Weide- und Wildtiere erlitten sowie den Schneemassen nicht standhielten. Als Erfolg versprechend beworben wurden ausschließlich der Hochstamm und das Spalier am Haus.[67]

Der Anbau von Spalierobst zielte auf dessen Verbreitung als Nahrungsmittel und erst in zweiter Linie als Genussmittel ab und förderte auch auf dem Land die Entstehung von Obstbauvereinen, denn es fehlte vielerorts am nötigen Fachwissen.

Neumühle

Sehnsucht nach Übersichtlichkeit

Eigenes Obst verschaffte Reichtum und Unabhängigkeit, weil man trotz vielfach vorhandener Mangelernährung einen begrenzten Überfluss erzeugte. Die Früchte vermochten fehlende Süßigkeiten zu ersetzen, den täglichen Hunger mit Zwischenmahlzeiten zu stillen und ließen sich auf vielfältige Art weiterverarbeiten. Mit Spalierobst wurde eine zusätzliche Dimension erschlossen – die räumliche Gestaltung des Gartens und des Hauses. Obstbäume am Spalier wurden Teil einer grünen, lebendigen Architektur und vermochten ästhetische Vorstellungen ihrer Besitzer auszudrücken.

Die Entdeckung des künstlichen Baumes

Die geordneten Formen, wie sie beim Spalierobst zu finden sind, stillten in der industrialisierten Gesellschaft um 1900 eine Sehnsucht nach Übersichtlichkeit und Zeit für Sorgfalt. Obstbau am Spalier sollte auch der Überproduktion dienen, um der wachsenden Bevölkerungszahl, die in Bayern zwischen 1800 und 1900 von 3 auf 6 Millionen Einwohner anstieg, gesunde Lebensmittel gewährleisten zu können.[68]

Durch die Nähe zur Wand bildete Spalierobst ein sichtbares Element der Hauslandschaft und zeigte, dass wirtschaftlicher Nutzen und

Eine „Landschaft von Leichtigkeit" wurde an diesem Wohnhaus Wirklichkeit: Spalierbirnen an einem Bauernhaus in Legau, Ldkr. Unterallgäu, um 1950. Diese beiden Birnenspaliere stehen weit sichtbar von der nahe gelegenen Landstraße in einer unbebauten Landschaft und zeigen ihre prägnante Form dem Vorbeifahrenden von Weitem. Rechts: Spalierobst wird auch in Illerbeuren angebaut: ein Kind im Garten, um 1950.

Bleistiftzeichnung von Wagnerlehrling Georg Fähnle sen. aus Illerbeuren, Ldkr. Unterallgäu, 1898–904. Die Obstzucht entwickelte sich zu einem breiten Beschäftigungsfeld für alle. Auch in Illerbeuren übte man sich in pomologischen Beobachtungen und schulte das Auge für die Natur.

ein ästhetisches Empfinden Hand in Hand gehen konnten. Auch in einer agrarisch bestimmten, von körperlich schwerer Arbeit geprägten Bevölkerung wollte man eine „Landschaft von Leichtigkeit" an dörflichen Gebäuden entstehen lassen, die über den Nutzen der Lebensmittelproduktion hinaus eine Bereitschaft und Sichtbarkeit zur Ästhetik erkennen ließ. Dies geschah, indem man die möglich scheinenden Potenziale leerer Wände und Fassaden als Argument für eine sinnvolle Nutzung verwendete.

Formobst war ein wichtiger Bestandteil der herrschaftlichen **Küchengärten**. Dabei handelt es sich um anspruchsvoll gestaltete Nutzgärten an den Residenzen, die aus einer exakten Unterteilung von Obst und Gemüse bestanden.

Gartenarbeit gegen „Stubenhockerei"

Die Anlage eines Gartens war nicht auf die Erzeugung von Lebensmitteln beschränkt, er bot als Teil des urbanen Raums eine geeignete Präsentationsfläche für Formobst und vermochte das „Bedürfnis nach Dekoration" zu befriedigen. Gärten bildeten eine architektonische Fortführung des Innenraums, in welcher man sich einrichtete, um Luft, Licht und Sonne zu erleben. Wichtiges Gestaltungskriterium bildete seit den barocken Küchengärten die Abgrenzung nach außen durch Mauern, Zäune oder Gitter. Mithilfe von Spalierbepflanzungen an diesen Bauelementen versuchte man, einen naturnahen, überdeckenden Übergang zu schaffen, der dem architektonischen Verständnis nach Ausgewogenheit entsprach.[69]

Die Empfehlungen eines zeitgenössischen Ratgebers zeigen, dass die Pflege eines Gartens weit mehr war als eine Freizeitbeschäftigung, sondern zur Gesunderhaltung der Gesellschaft beitragen sollte:

> *„Gartenarbeit kräftigt den Körper und härtet ihn ab, stählt die Muskulatur, schärft die Sinne, erhöht den Appetit, macht frisch und munter, glücklich und zufrieden, ist ein unversieglicher Quell reiner Freuden und wertvoller Anregungen. Gartenarbeit ist das beste Gegengewicht gegen die leidige Stubenhockerei und die übermäßige Bureauarbeit unserer Zeit, deshalb ein wichtiger hygienischer und sozialer Faktor."*[70]

Kulturlandschaftselemente im Schwäbischen Freilichtmuseum Illerbeuren 2020: Wege, Weideflächen, Bäume und Gebäude prägen das Raumgefühl einer Landschaft.

Eine Postkarte mit zeitgenössischem Motiv, Anfang 20. Jahrhundert: Der symbolische Verweis auf ein Birnenspalier lässt erkennen, dass Spaliere ein selbstverständlicher Bestandteil der Alltagswelt waren.

Grüne Architektur – Architektur im Kleinen

Vom Lech bis an die Günz

Das Bild einer Landschaft wurde durch natürlich entstandene Lebensräume und durch Kulturformen des Menschen geschaffen, die sich aus seinen Lebensbedürfnissen und technischen Möglichkeiten ableiteten. Boden und Klima bildeten ein Hauptkriterium für den Anbau von Obst und begründeten, weshalb in manchen Regionen Bayerns lange Zeit keinerlei Obstbautradition existierte. Die Kulturlandschaft in den politischen Grenzen Bayerisch-Schwabens mit seiner lang gestreckten und schmalen Form bildet stark zu unterscheidende Naturräume ab. Während im Norden das Schichtstufenland zwischen Fränkischer und Schwäbischer Alb dominiert, wird der mittlere und südliche Teil vom Alpenvorland und den Alpen geprägt. Kennzeichnend für den südlichen Teil Schwabens sind die breit durchschnittenen, in Nord-Süd-Richtung verlaufenden Flusstäler von Lech, Wertach, Mindel, Günz und Iller. Hier ist das Klima mild und eine Verbreitung des Obstbaus war sehr früh vorhanden.

Abhängig von Boden, Klima und den Landschaftsreliefs bestimmen Wald, Äcker, Wiesen und die Weidewirtschaft das Bild. Der Anbau von Kulturpflanzen war abhängig von der Höhenlage. In den für Schwaben durchschnittlichen Höhenlagen zwischen 400 und 600 Metern konnte Obst und Getreide kultiviert werden. Dörfer und ihre Wegenetze bildeten im Gelände die wichtigste räumliche Konstante. Ihre Lage und Anordnung war durchaus verschieden, allen gemein aber war eine dichte Anordnung der Häuser zu einem geschlossenen Ortskern. Bäume, Obstgärten und Hecken übernahmen eine wichtige Funktion bei der Gestaltung eines Ortsbildes, indem sie die dichten Räume untergliederten und in Beziehungen zueinander setzten.[71]

Weg vom Hochstamm

Natürliche und vom Menschen gestaltete Strukturen wie die Anlage von Siedlungen und bewirtschafteten Fluren schufen eine Kulturlandschaft. Ein an diese Landschaft und deren Bedingungen, das Rohstoffvorkommen, as Klima und die Wirtschaftsverhältnisse angepasstes

Neu angelegte Spalierobstbepflanzung an einem landwirtschaftlichen Gebäude in Lengenfeld, Ldkr. Ostallgäu, 2022.

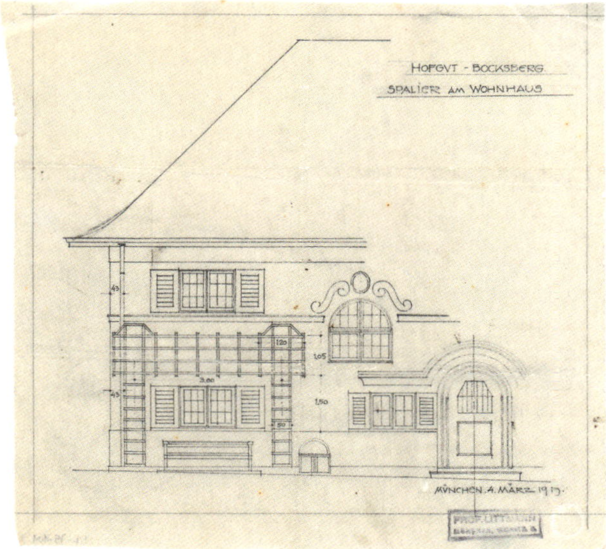

Plan eines Wohnhauses mit Spalier am Hofgut Bocksberg, Ldkr. Bad Tölz-Wolfratshausen, 1919: Spaliere waren ein beliebtes Gestaltungselement und bei manchen Architekten bereits vor dem Bau des Hauses mitgeplant.

Bauernhaus in Hinterstein, Ldkr. Oberallgäu, mit drei Birnenbäumen im Jahr 1901. Die beiden Spalierbäume an der Giebelseite sind zum Schutz vor Weidetieren mit einem Staketenzaun umgeben und besitzen ausgewachsene, breite Kronen. An der Traufseite wurde der Obstbaum nahe an die Fassade gepflanzt, um einen Schutz vor der Witterung zu erhalten.

Bauen führte zu einer unterscheidbaren Haus- und Siedlungslandschaft. Die Bebauung der Dörfer orientierte sich an den vier Himmelsrichtungen, um einen optimalen Schutz vor Wind, Regen und Schnee zu erhalten.[72] Bäume bildeten hierbei ein wichtiges gliederndes Landschaftselement, darunter auch Obstbäume und später Spalierobst.[73] Als ein auf die Gegebenheiten angepasstes Nutzelement am Haus setzte man vielfach Obstbäume mit breiten Kronen als Wandobst dicht an die Fassade und verzichtete auf die Verwendung eines Spaliergerüstes. Dadurch nutzte man vor allem den Witterungsschutz des Hauses aus und ersparte sich eine intensive Pflege.[74] Im Vordergrund stand der simple und pflegeleichte Anbau von Lebensmitteln. Mit ihren breiten Kronen waren einfache Wandobstbäume vor allem an den alpinen Häusern mit deren flachen, weit vorragenden Dachformen verbreitet. Weil Spalierobst die Gesamtwirkung eines Hauses beeinflusste, entwickelte es sich auch zu einem bewussten Gestaltungselement. Hölzerne Lattengerüste bildeten eine erkennbare Untergliederung von Wandflächen, welche strenge Übergänge und kahle Freiflächen zu bespielen vermochten. Spalierobst wurde auch bei Neubauten als aktives architektonisches Gestaltungselement mitgeplant und auf diese Weise zu einer zweiten, einer grünen Architektur.

Hassliebe Natur

Der Anbau von Spalierobst stellte eine örtliche Wirtschaftsform dar, präsentierte sich zugleich als gartenbauliche Liebhaberei und passte sich der lokalen Baukultur an, die im ländlichen Schwaben eine einfache mit besonderen gestalterischen und strukturellen Qualitäten war.[75] Die Fassadenfläche, die Anordnung der Fenster, die Weite des Dachvorsprungs und das Baumaterial hatten Einfluss auf Form und Größe von Spalierbäumen. Auch die Hausformen selbst entstanden aus der Nutzung, den klimatischen Bedingungen und dem Vorhandensein natürlicher Baumaterialien. Die daraus entwickelten konstruktiven Merkmale schufen den Rahmen für die Schmuck- und Zierformen am Haus.[76]

In Nord- und Mittelschwaben waren die zumeist einfachen, zweigeschossig ausgeführten Häuser im 18. Jahrhundert mit Stroh gedeckt. Die Verwendung roter Ziegeldächer im 19. Jahrhundert veränderte die Optik der Häuser erheblich. Auch das Fachwerk mit seiner sichtbaren Struktur aus Ständern und Riegeln bildete ein architektonisches Gestaltungselement, das in vielen Regionen Schwabens durch ein vollständig versteinertes Ziegelmauerwerk abgelöst wurde. Die Verbreitung des Wandobstanbaus vermochte die Architektur eines Gebäudes zu ergänzen.[77]

Die versteinerten Massivbauten nordschwäbischer Häuser mit ihren steilen Ziegeldächern und weiß gekalkten Wänden ließen Spalierobst akzentuierter hervortreten als die von der Witterung verfärbte hölzerne Fassade des Blockbaus eines Allgäuer Flachdachhofes. Ein an Drähten angehefteter Spalierbaum an einer reich verzierten Fachwerkfassade übte eine weniger dominante Wirkung aus als ein von Weitem sichtbares Lattenwerk in strengen geometrischen Formen. Eine Ziegelwand bot die besten Speichereigenschaften für Sonnenwärme und damit ideale Reifebedingungen. Erhöht

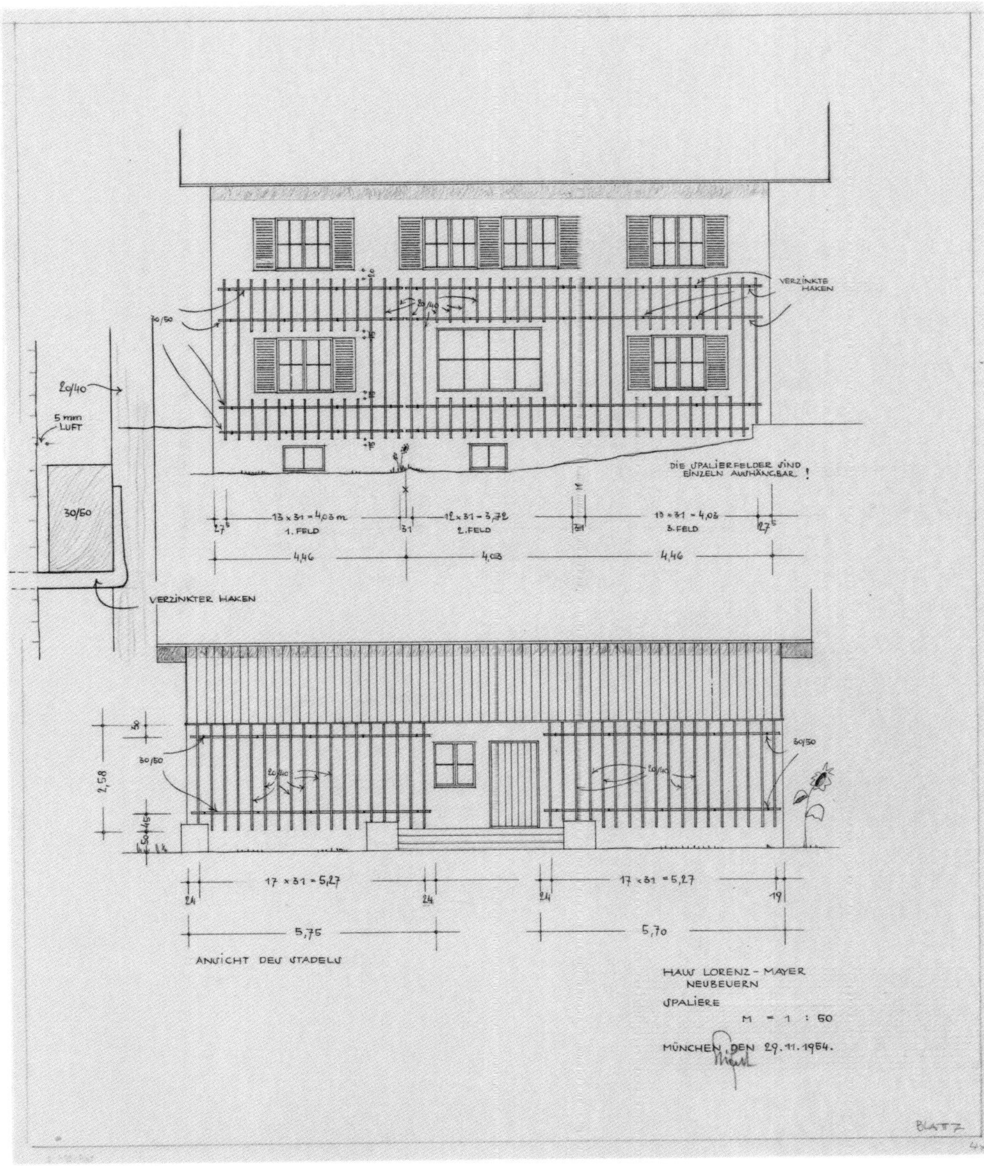

Plan für ein Wohnhaus und einen Schuppen mit abnehmbaren Spalieren in Neubeuern, Ldkr. Rosenheim, 1954. Der Entwurf sieht eine beinahe vollständige Verkleidung der Fassade vor. Die leeren Flächen zwischen den großen Fensteraussparungen schaffen fein untergliederte Kleinräume und geben dem Haus eine unterscheidbare Ansicht.

werden konnte die Wirkung der Wärmeaufnahme durch einen dunklen Farbanstrich der Fassade.

Jede dieser Variationen prägte die Architektur vieler Häuser und damit die Gesamterscheinung von Dörfern und Landschaften.[78] Seit der Mitte des 20. Jahrhunderts löste sich im Zuge der Industrialisierung ein regionaler, sich an die umgebende Landschaft orientierter Baustil auf, eine Universalarchitektur, geprägt von industriell hergestellten Einheitsbaustoffen, einheitlichen

Bauvorschriften und Neubaugebieten dominierte künftig die Entwicklung ländlicher Siedlungen. Die neue Architektur kam ohne den Bezug zur Landschaft und Natur aus, weil deren Bewohner nicht mehr landwirtschaftlichen Tätigkeiten nachgingen und damit den direkten Bezug zur Umgebung aufgaben. Spalierobst war als Selbstversorgerprodukt überflüssig geworden.

Neue gesellschaftliche Vorstellungen von Sauberkeit übertrugen sich in der zweiten Hälfte des 20. Jahrhunderts auch auf die Architektur. Hatten Stadtplaner einst Spaliere auch für Fabrikgebäude und Wohnanlagen als wesentliches Gestaltungselement miteinbezogen, galt es künftig als schadhaft für die Bausubstanz, seine Wände mit Grünem zu bekleiden, zudem behinderte es das regelmäßige Streichen der Fassade. Die neuen synthetischen Industriefarben vertrugen im Gegensatz zu den traditionellen übertünchenden Kalkanstrichen keine Unreinheiten an der Wand. Die Abkehr von der Natur bedeutete das Ende des Wandobstanbaus. Mit dem Auftauchen und Verschwinden von Spalierobst wurde in Deutschland über einen Zeitraum von rund 150 bis 200 Jahren eine wirtschaftliche Anbaumethode von Obst beobachtet, die aus einer Wechselwirkung des Menschen mit der Natur entstanden war und in die eigene Bau- und Gartenkultur integriert wurde.[79]

Liebevolle Tradition

Anfang der 1930er-Jahre pflanzten die Bewohner dieses Hofes in Legau zwei Spalierbäume. Es handelte sich um feine Tafelbirnen, die sich für den Verkauf eigneten. Auf der linken Seite wählte man die Sorte „Gute Luise", rechts „Williams Christ". Der Standort war nach Südosten ausgerichtet, wodurch bereits in den Morgenstunden die wärmenden Sonnenstrahlen an die Früchte gelangen. Zugleich wurden die Birnen

Spalierbirnen im Alter von rund 20 Jahren an einem Bauernhaus in Legau, Ldkr. Unterallgäu, um 1950. Links wurde die Sorte „Gute Luise", rechts „Williams Christ" gepflanzt.

vor den Witterungseinflüssen im Westen geschützt. Spalierobst findet man zum Teil bis heute zahlreich im Gemeindegebiet von Legau, wofür der örtliche Obstbauverein verantwortlich zeichnete. Auf dessen Initiative hin pflanzte man bis um 1950 neue Bäume, von denen auch nach 80 bis 100 Jahren einige sichtbar sind und ihre Besitzer mit Lebensmitteln versorgen.

„Beim Bildhauer"

Für die Erziehung an der Wand verwendete man an diesem Hof keine klassischen Spaliere mit Holzlatten, sondern nutzte quer gespannte Drähte an Haken, welche am Mauerwerk befestigt wurden. Neben geringeren Materialkosten ergab sich dadurch eine wesentlich luftigere Erscheinung der Fassade. Die Erziehungsform der beiden Birnen war durch die Anordnung der zahlreichen Fenster in weiten Teilen vorgegeben und erstreckte sich nach rund 20 Jahren Wachstum auf eine senkrechte Stammverlängerung mit kurzen Fruchttrieben bis unter den Dachfirst und auf jeder Seite abzweigend zwei parallel verlaufenden kräftigen Seitenästen im Bereich der beiden Geschossdecken des Wohnhauses. Die Birne „Gute Luise" ließ man um 1950 bereits mit ihrem linken Ast auf die Westseite weiterwachsen. So erreichte man eine Vergrößerung der Anbaufläche mit demselben Baum.

Rund zehn Meter von den Spalierbirnen entfernt stand anfangs ein Bienenhaus an dem weitverbreiteten Standort im Obstgarten, umgeben von Hochstammapfelbäumen, sodass die Bestäubung des eigenen Obstes sichergestellt war. Der Besitzer hatte mit der Bienenhaltung angefangen, gab diese jedoch nach einem Bienenstich wieder auf und übertrug diese Arbeit 1939 seinem damals erst 12-jährigen Sohn. Er führte die Bienenhaltung und die Pflege des Spalierobstes fort. Mit der Aufgabe der Hofbewirtschaftung 1991 und später nach dem Tod der Landwirtseheleute übernahm eines der Kinder die Pflege und Ernte der Spalierbirnen. Zweimal im Jahr werden diese geschnitten, zuerst im Mai nach der Blüte sowie nach der Ernte im September. Der Schädlingsbefall ist nach den Erfahrungen vieler Jahre sehr gering, allein Blattläuse bilden die größte vorkommende Gefahr. Bei den Blattkrankheiten spielt der häufig vorkommende Birnengitterrost eine geringfügige Rolle. Die Ernte wird durch Einkochen in Gläsern haltbar gemacht oder verschenkt.

An der Neumühle

Die Birnenspaliere an der 1399 erstmals erwähnten Neumühle waren unterschiedlich alt und sind etwas Besonderes, weil sie den Verbreitungszeitraum des flächendeckenden Wandobstanbaus in Schwaben ab 1870 bis um 1950 dokumentieren. Für die bis 1961 betriebene Getreidemühle selbst stellen sie gleichwohl eine junge Erscheinung dar. Das Gebäude besitzt für die Spalierbäume eine ideale Lage in südöstlicher Ausrichtung, von der Morgen- und Mittagssonne beschienen und eingebettet in einem Talkessel geschützt vor strengen Winden. Die Tuffsteinwände im Erdgeschoss, an denen die Spalierbäume emporwachsen, sind rund einen Meter dick und vermögen im Sommer einen stabilen Wärmespeicher zu bilden. Der Wohnteil im Obergeschoss besteht

Traufseite der Neumühle, Legau, Ldkr. Unterallgäu, mit den zwei Spalierbirnen in der Blüte im Frühjahr 2022.

Spalierbirnen an der Neumühle, Legau, Ldkr. Unterallgäu, 1954. Ein hölzernes Spalier leitet die kräftigen Äste des linken Birnenbaums waagerecht entlang der Fassade. Zum Zeitpunkt der Aufnahme ist dieser Baum bereits rund ein halbes Jahrhundert alt.

aus einem Fachwerkbau, an welchem für die Erziehung des linken Spalierbaums ein Spalier aus hölzernen Latten angebracht war. Man setzte es vorausschauend bereits bis in das zweite Obergeschoss und entfernte es erst nach 1960, als die Äste ausreichend stark waren, um sich selbst zu tragen.

Die Spalierbirne an der rechten Seite, eine feine Tafelbirne der Sorte „Williams Christ", wurde um 1946 gepflanzt, in der letzten Phase eines alltäglichen Wandobstanbaus im ländlichen Schwaben. Die seit den 1890er-Jahren flächendeckend gegründeten Obst- und Bienenzuchtvereine förderten bis zu diesem Zeitpunkt bereits seit rund sechs Jahrzehnten die Popularität dieser Kulturform, nicht nur zur wirtschaftlichen Eigenversorgung, sondern auch als ästhetisches Zierelement am Haus.

Zu Beginn einer breiten Obstbauförderung um die 1880er-Jahre bis um 1900 pflanzten die damaligen Besitzer der Mühle die linke Spalierbirne der Sorte „Claude Blanchet", eine seit 1874 erhältliche Birnensorte aus Lyon. Sie besitzt kleine Früchte, die sich gedörrt zum Backen von Birnenbrot verwenden lassen. Zur Ernte Ende Juli wurde rund drei Wochen lang von Hand gebrockt.

Durch die Auswahl unterschiedlicher Sorten waren die Birnen zu unterschiedlichen Zeitpunkten reif und erleichterten die schrittweise Verarbeitung der Erntemenge. Was nicht selbst durch einwecken oder backen verwertet werden konnte wurde verschenkt. Auch Vögel bedienten sich an den Birnen in solchen Jahren, in denen sie wenig andere Nahrungsquellen fanden.

Die Spalierbirnen an der Neumühle sind bis heute sehr robust, Krankheiten kommen hier selten vor. Die Ausnahme bildet in neuerer Zeit das Vorkommen der Roten Spinne, die neben anderen Schädlingen von dem Wegfall intensiver Nachtfröste profitiert. Gegen den Befall mit Blattläusen wurde ein Leimring am Stamm angebracht. Geschnitten hatte man zweimal im Jahr, im Februar und im Juni, wobei die einjährigen Wasserschosse entfernt wurden.

Eine lange Wunde am Stamm der „Williams Christ" erzählt eine eigene Geschichte: Als die Neumühle in den 1950er-Jahren noch als Mühle betrieben wurde, hatte man die für die Fuhrwerke verwendeten Pferde während des Aufenthalts an Eisenringen am Eingang angebunden. Oft sind die Bauern in der Mühle, besonders bei schlechtem Wetter, für eine Zeit zusammengekommen, während derer die Pferde zu warten hatten. Die Rinde der danebenstehenden Spalierbirne ist durch ein Pferd beinahe vollständig abgefressen worden. Den nackten Stamm pflegte man durch den Anstrich mit einer Stammschutzfarbe. Noch heute erkennt man die Schädigung, die sich wie ein Graben über die Rinde des Baumes zieht. Der Schutz des Vordaches und die Wärme haben eine Heilung begünstigt. Obwohl Tiere in der Landwirtschaft bereits seit rund 60 Jahren durch Traktoren abgelöst sind, erinnert der Baum noch heute an ihre Existenz.

Tafelobst wird nicht vom Baum geschüttelt, sondern von Hand schonend geerntet. Die Frucht wird durch vorsichtiges Ziehen von der Pflanze entfernt. Man spricht hier auch vom **„brocken"** der Früchte.

Wasserschosse, auch Wassertriebe genannt, die regelmäßig entfernt werden müssen. Dies sind dünne, senkrecht wachsende Triebe, die aus schlafenden Augen am Altholz wachsen. Sie tragen wenig Früchte und entziehen dem Baum Nährstoffe.

„Opas ganzer Stolz"

„Beim oberen Bauer" lautete der ursprüngliche Hausname dieses Bauernhofs in Legau. 1930

errichtete der Besitzer einen Stallneubau mit Wiederkehr und pflanzte eine Spalierbirne der Tafelsorte „Gute Luise“ an dessen Fassade. Die Ausrichtung nach Südwesten bescherte dem Birnenbaum eine hohe Sonnenwärme und präsentierte ihn zur nahe gelegenen Landstraße hin von Weitem sichtbar.

Die Erziehung der Form wurde durch an den Fassadenaußenseiten befestigten, waagerecht verlaufenden Drahtseilen erreicht. Dieses „Spalier mit waagerechten Ästen“ wurde im 18. Jahrhundert in den Niederlanden und in England erstmals verwendet, in Deutschland fanden sich die ersten Beschreibungen im Jahr 1796. Die Form ermöglichte die Verwendung stark wachsender Birnensorten. Man bewarb diese mit einer besseren Verteilung des Pflanzensaftes.[80]

Da es sich um ein Ökonomiegebäude mit wenigen Fenstern handelte, konnte man die

Äste auf einer großen Fläche wachsen lassen. So entstanden im Laufe von rund 90 Jahren zwölf quer laufende massive Äste, die sich auf beiden Seiten des Stammes bis zum Fassadenende durchziehen. Dabei verkürzten sich die oberen Äste proportional zur Neigung des Daches und bildeten eine eindrückliche Pyramidenform. Der Stamm wuchs knapp an der ehemaligen Einfahrt in den Kuhstall im Erdgeschoss vorbei und korrigierte sich dann senkrecht auf den First des Gebäudes. Als die landwirtschaftlichen Maschinen ab den 1970er-Jahren größer wurden und ein Sohn die Hofbewirtschaftung übernahm, hätte der Baum beinahe weichen müssen. Der Spalierbaum war jedoch „Opas ganzer Stolz", sodass er stehen bleiben durfte. Ein neu angeschaffter Ladewagen musste deshalb extra so umgebaut werden, dass er durch die beengte Stalleinfahrt passte. Inzwischen kümmert sich die dritte Generation um die Pflege des Baums.

Pyramide: Künstliche Erziehungsform für Birnen oder Äpfel mit geradlinig verlaufenden Ästen vom Stamm bis zur Spitze in Pyramidenform.

Ein rund 90 Jahre alter Birnenbaum in Legau, Ldkr. Unterallgäu, mit waagerechten Ästen an der Giebelseite eines Kuhstalls. Diese Erziehungsform ist seit über 200 Jahren bekannt. Foto 2022. Unten die Ansicht des Hofs mit dem rund 30 Jahre alten Spalierbaum im Frühjahr 1961.

Spalierobst prägt die Hauslandschaft

Überwiegend waren Wohn- und Wirtschaftsgebäude ländlicher Siedlungen, darunter zahlreiche landwirtschaftliche Gebäude, unter einem einzigen lang gestreckten Dach vereint oder standen in einem Winkel zueinander, sodass für den Anbau von Wandobst diejenige Gebäudeseite nutzbar blieb, welche ausreichend Sonne und Licht garantierte. Eine dichte Reihe kleiner Fenster bildete dort zumeist einen sehr begrenzten Platz für die Anbringung von Spalieren, die Erziehung einer strengen Form war umso entscheidender, um ein Zuwachsen der Fassade zu verhindern.

Nicht in jedem Dorf entwickelte sich eine Obstbautradition. So wuchs beispielsweise im nordschwäbischen Ries Obst am besten an den geschützten Hanglagen des Riesrandes und nicht in der Riesebene. Reimlingen, Schmä-

Bauernhaus mit zwei Spalierbäumen, Ort unbekannt, Anfang 20. Jahrhundert.

Dorfstraße in Wechingen, Ldkr. Donau-Ries. Die giebelständigen Wohnhäuser sind mit Wandobst bepflanzt. Auf die Anbringung von Spalieren wurde verzichtet. Foto Anfang 20. Jahrhundert.

Gasthaus in Oberroth bei Babenhausen, Ldkr. Unterallgäu. Drei Spalierbäume reihen sich entlang der Traufseite des lang gestreckten Gebäudes. Der rechte Baum ist akkurat geschnitten und vermutlich ein Birnenbaum, während die anderen Pflanzen, vermutlich Wein, formlos emporwachsen. Foto um 1900.

Wohnhaus in Legau, Ldkr. Unterallgäu. Dieses Wohnhaus eines Schneidermeisters war eines von auffällig zahlreich mit Spalier bepflanzten Gebäuden im Ortskern von Legau.[81] Foto um 1910.

hingen, Herkheim oder Belzheim galten bald als obstreiche Dörfer, die ihre Produkte nach Nördlingen und Öttingen auf die Märkte lieferten. Der Obstbau war im Ries wie auch in anderen Regionen Schwabens vor allem durch Straßenbäume und Gemeindeobstwiesen dominiert, die vielfach dem Ausbau der Verkehrsstraßen zum Opfer fielen. Erst allmählich legten Bauern eigene Obstgärten an, die ein neues Zusatzeinkommen versprachen.[82]

Die Letzten ihrer Art: Historische Spalierbäume

Alte Spalierbäume sind Zeitzeugen einer verloren gegangenen Lebensform. Sie existieren zusammen mit dem Gebäude, das sie trägt, seit vielen Jahrzehnten, zum Teil über ein Jahrhundert. Oftmals handelt es sich um von den ursprünglichen Bewohnern verlassene Wohngebäude, vielfach Ruinen und seit vielen Jahren nicht mehr geschnittene Bäume. Durch die fehlende Pflege verlieren die einst so akkuraten Bäume ihre Form und entwickeln breite, natürliche Kronen. Die ehemalige Form bleibt nur noch zu erahnen. Spalierleisten an der Fassade geben in manchen Fällen Hinweise. Um einen ausgewachsenen, stattlichen Spalierbaum zu ziehen, braucht es anderthalb Menschenleben. Um ihn abzusägen, eine Viertelstunde. Beides ist unumkehrbar.

Spalierbirne an einem Bauernhaus in Oberostendorf, Ldkr. Ostallgäu, rund 50 Jahre alt. Der Baum befindet sich in einem ertragsfähigen Alter, ist aber aufgrund der fehlenden Pflege stark ausgewachsen. Foto 2022.

Zwei Birnenspaliere an einem Stadel in Lengenfeld, Ldkr. Ostallgäu. Der linke Baum ist dicht bestückt mit Birnen. Seine Spaliere bieten ihm noch ausreichend Platz für ein weiteres Wachstum. Foto 2022.

Spalierbirne an einem Werkstattgebäude in Bernbeuren, Ldkr. Weilheim-Schongau. Durch das hohe Alter und einen Verzicht auf den Baumschnitt erreicht der Birnbaum bereits eine ursprüngliche Baumform des Hochstamms mit mächtiger Krone. Allein sein wandnaher Stamm verweist auf eine ursprüngliche Wandnutzung. Foto 2022.

Spalierbirne an einem Stadel in Fleschützen, Ldkr. Oberallgäu. An der linken Gebäudeunterseite ist das hölzerne Spalier noch zu erkennen. Durch fehlendes Schneiden ist der Baum vollständig ausgewachsen. Foto 2022.

Spalierbirne an einem Stadel in Aufkirch, Ldkr. Ostallgäu. Das ursprüngliche Spalier aus Holzlatten ist in weiten Teilen abgefallen. Der Birnenbaum ist stark verwachsen. Foto 2022.

Spalierbirne an einem Stallgebäude in Legau, Ldkr. Unterallgäu, im Alter von rund 80 Jahren in einem gepflegten Zustand in der Blüte im Frühjahr 2022.

Der Spalierobstgarten im Schwäbischen Freilichtmuseum zeigt die wichtigsten Grundformen der Formobsterziehung im 19. Jahrhundert. Im Vordergrund ein waagerechter Kordon und eine Pyramide mit Äpfeln, im Hintergrund an einer hölzernen Wand Palmetten mit Birnen. Foto 2019.

Der Spalierobstgarten des Pomologischen Instituts Reutlingen, erbaut um 1885: Das Institut war eines der größten Zucht- und Verkaufseinrichtungen für Formobstgehölze in Süddeutschland. Abnehmer waren u. a. die bayerischen Gartenbauvereine.

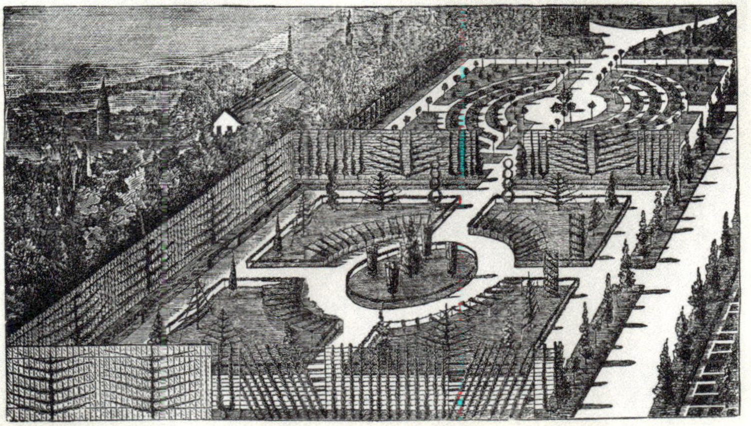

Spalierobstgärten

Die Geometrie des Barockgartens schuf mit Hecken, Spalieren, Alleen, Laubengängen und Pavillons umgrenzte Gartenräume aus der Verbindung einer geordneten, beschnittenen Natur und Kultur.[83] Für diese Epoche der Gartenkunst war die Entstehung von Spezialgärten prägend. Im getrennten Bereich des Obstgartens entstanden feinere Schnitttechniken, die aus den Gehölzen regelmäßige, architektonische Gestaltungselemente wachsen ließen. Mehrere in Gruppen angelegte Formbäume entwickelten eine neue Art des Gartens, den Spalierobstgarten, in welchem ausschließlich edle Obstsorten an Spalieren oder in symmetrischen Formen angepflanzt wurden.[84]

Im 19. Jahrhundert bildeten Spalierobstgärten auch abseits herrschaftlicher Gartenanlagen einen getrennten Bereich am Obst- und Nutzgarten des Hauses, welcher ausschließlich der Bepflanzung mit Formbäumen diente. Diese Gartenform erforderte einen hohen Pflegeaufwand und umfangreiches pomologisches Fachwissen, weshalb sie vorwiegend in Baumschulen, Lehrgärten und in den Gärten von Obstlieb-

Palmette: Künstliche Erziehungsform, die für Wände besonders geeignet ist und vor allem bei Birnen eingesetzt wurde.

Ein **Kordon** ist eine horizontale oder waagerechte künstliche Erziehungsform mit kurzem Fruchtholz, die häufig zur Eingrenzung von Wegen verwendet wurde.

habern errichtet wurde. Sie brachte aber auch einen entscheidenden Vorteil für den Obstanbau: den Schutz vor der Witterung. Um 1900 entstanden in Deutschland große Spaliergärten für die Produktion von Tafelobst. In diesen Anlagen wurde mit wenigen ausgewählten Sorten gearbeitet, die einen hohen Ertrag versprachen. Die Spalierobstgärten beinhalteten ausgewählte aktuelle Erziehungsformen.[85]

Die Anlage von Spaliergärten erfolgte nach strengen geometrischen Mustern, die eine Aufteilung von Beeten und Wegen markierte. An Wänden pflanzte man wärmebedürftiges Obst wie Birnen oder Pfirsiche, auf den Freiflächen entlang der Fußwege Formbäume mit Äpfeln. Die Eingrenzung des Gartens erfolgte durch frei stehende Spaliere in der Form eines Kordons. Günstige Anbauplätze sollten Nord- und Westwinde abhalten, gute Böden aufweisen und vor extremen Früh- und Spätfrösten schützen. Die Obstgärten sollten einfach angelegt und der pflegeleichtesten Form der Vorzug gegeben werden, die zugleich die größten Erträge versprach.

Der Formobstgarten entsprach in der Idealvorstellung einem länglichen Rechteck, dessen Längsachse von Nord nach Süd gerichtet war. So ließen sich die langen Mauerflächen mit viel Sonnenlicht auf den West- und Ostwänden gewinnbringend ausnutzen. Für die Spalierzucht an künstlichen Wänden sollten nur Ziegelwände eingesetzt werden, weil diese die auftretenden Temperaturschwankungen gleichmäßig auf die Pflanze übertragen. Hölzerne Bretterwände wurden nur eingeschränkt empfohlen, da sie sich zu schnell erhitzen und abkühlen. Zwischenwege legte man idealerweise rund einen Meter, Hauptwege zwei Meter breit an. Frei stehende Spaliere setzte man in Rabatten mit anderthalb Metern Breite.[86] Diese Beetflächen wurden zum Teil mit Gemüse und Kräutern bepflanzt, um eine hohe Ausnutzung der vorhandenen Flächen zu erhalten.

Baumschulen, Lehrinstitute und Liebhaber legten Ende des 19. Jahrhunderts Spezialgärten für Formobstgehölze „im symmetrischen Stile" an, um die Schönheit der Pflanzen zu betonen. Der Spalierobstgarten im Schwäbischen Freilichtmuseum erstreckt sich auf einer Fläche von 540 Quadratmetern und unterteilt sich in Flächen mit frei stehenden Formobstbäumen und Rabatten mit Spalieren. Foto 2022.

Eine verlorene Gartenform

2004 begannen im Schwäbischen Freilichtmuseum Illerbeuren durch den Museumsleiter Otto Kettemann die Planungen, einen Spaliergarten anzulegen, um die Vielfalt von Formobst zu zeigen. Neben der Präsentation von historischen Hauslandschaften sollte damit ein Bestandteil einer dörflichen und städtischen Kulturlandschaft veranschaulicht werden. Zu diesem Zeitpunkt war Spalierobst kein alltäglicher Bestandteil des täglichen Lebens mehr und das Fachwissen darüber weitestgehend verloren gegangen. Man orientierte sich in Annäherung an historische Vorbilder und begann, die zeitgenössische Literatur auszuwerten. Einer der prominentesten Vertreter dieser Anbauform in Deutschland Ende des 19. Jahrhunderts war der Stuttgarter Baumschulbesitzer Nicolas Gaucher, der in Frankreich die Spalierzucht erlernte.[87] In seinem *Handbuch der Obstkultur* führte er strenge und aufwendige Spalierformen ein, die auf große Nachahmung stießen und von den Baumschulen als vorgezogenes Produkt zum Verkauf angeboten wurden. Im Spalierobstgarten des Museums wurden Gauchers Formen nachgebildet.

2006 begann man auf dem Museumsgelände mit der Anpflanzung rund 200 junger Birnen- und Apfelbäume an eigens dafür errichteten Spalieren. Verwendet wurde eine Auswahl historisch belegter Sorten, die für die Formobsterziehung geeignet sind. Bei den Äpfeln pflanzte man die Sorten „Parkers Pepping", „Berlepsch", „Kanada Reinette", „Ananas Reinette" und „Ribston Pepping". Bei den Birnen entschied man sich für die Sorten „Conference", „Gellerts Butterbirne", „Pierre Corneille" und „Stuttgarter Geißhirtle". Vier frei stehende, sich rautenförmig gegenüberstehende Holzwände mit einer Fläche von jeweils 30 Quadratmetern nahmen die Birnenspaliere auf, welche auf die Sonnenwärme nahe der Wand angewiesen sind.

Frei stehende Spaliere an den Längsseiten aus waagerecht gespannten Drähten und senkrechten mit Draht fixierten Holzlatten, die Spa-

Birnbaum der Sorte „Pierre Corneille" als vollständig ausgebildete Palmette an einer hölzernen Wand im Spalierobstgarten. Foto 2016.

Spalierobstexperte Reiner Wahl (rechts im Bild) und Autor David Kemmer bei der Planung einer Erziehungsform im Spalierobstgarten. Im Hintergrund Museumslandwirt Manfred Schneider, der den Spaliergarten das ganze Jahr über betreut. Foto 2022.

lierstäbe, bildeten das Gerüst für die Apfelbäume, welche die Wärme an Wänden nicht vertragen. Um die Erziehungsformen der Formbäume auszubilden, wurden zusätzlich über den Spaliergerüsten sogenannte Tonkinstäbe, leichte, stabile und witterungsbeständige Bambusstäbe, angebracht. An ihnen heftete man die jungen Triebe an, um sie in eine Form zu erziehen und vor dem Umfallen zu schützen.

Von Beginn an in das „Projekt Spalierobstgarten" eingebunden war der Landschaftsgärtner Reiner Wahl aus Dettingen an der Erms, der sich auf den Anbau von Formobst spezialisiert hat. Er pflanzte die jungen Veredelungen und begleitete das Museum zusammen mit Museumslandwirt Manfred Schneider regelmäßig im Jahr beim Baumschnitt und bei der Pflege.

Im Jahr 2019 erhielt der Spaliergarten eine Überarbeitung der Wege. Die Rabatten um die Spaliere wurden mit witterungsbeständigem Cortenstahl eingefasst, um eine Abtrennung der Wege zu erhalten. Die Baumscheiben um den Bereich der Spalierbäume wurden teilweise mit einer Unterbepflanzung versehen. Diese schützte vor einer Austrocknung des Bodens, verhinderte ein Anwachsen von Konkurrenzpflanzen und bot den Vorteil, Freiflächen sinnvoll auszunutzen. Im Spaliergarten wurden erfolgreich Bergquendel und Thymian angepflanzt, welche für die Honigbiene aus dem nahe stehenden historischen Bienenhaus aus Böhen ein sehr gutes Trachtangebot bieten und in den Rabatten einen gegen Tritte unempfindlichen, deckenden Schutzbewuchs bilden.

2021 führte Reiner Wahl eine Korrektur im Sortenbestand durch, da viele Bäume kein ausreichendes Wachstum zeigten. Eine Erklärung hierfür ist vermutlich in der Lage des Gartens zu finden: Der Spalierobstgarten liegt topografisch in einem ehemaligen Seitenarm der Iller. Der feuchte, schwerere Boden ließ viele Obstsorten nur schlecht wachsen. 45 Bäume mussten für diese Maßnahme entnommen und durch neue der Sorte „Roter Boskoop" ausgetauscht werden. Der Spalierobstgarten änderte dadurch seine museale Ausrichtung und zielte damit nicht länger auf eine Präsentation verschiedener Sorten ab, sondern diente als „Formenkabinett" der Vorführung einer Vielfalt an Erziehungsformen von Obst am Spalier.

Wie pflegt man einen Spaliergarten?

Der Unterhalt des museumseigenen Spalierobstgartens ist arbeitsintensiv. Stark wachsendes Unkraut in den Beeten, Wurzelfraß durch Wühlmäuse der umliegenden Wiesen und tierische Schädlinge, wie die Blattlaus, stellen drei große Probleme dar. Das Unkraut wird von Hand entfernt, um die flachen Wurzeln nicht zu schädigen. Besonders nach Regenfällen lohnt es sich, mit einer Harke den Boden aufzulockern, um die Sauerstoffaufnahme zu vergrößern. Wühlmäuse werden abgeschreckt, indem das Grasland um den Spaliergarten tief gemäht wird

Probenbezeichnung						Kalk-Versorgung			Phosphor		Kalium		Magnesium		Mangan		Kupfer		Zink		Natrium		Bor	
						VDLUFA I, A 5.1.1 : 2016 (CaCl			VDLUFA I, A6.2.1.1 : 2012		VDLUFA I, A6.2.1.1 : 2012		VDLUFA I, A6.2.4.1 : 1991		VDLUFA I, A6.4.1; 2002		VDLUFA I, A6.4.1; 2002		VDLUFA I, A6.4.1; 2002		VDLUFA I, A6.4.1; 2002		VDLUFA I, A6.4.1; 2002	
Analysen-nummer	Prob.-Nr.	Feld- oder Schlagbezeichnung	Schlag Nr.	Bodennutzung	Bodenart	pH-Wert	pH-Stufe	optim.pH -Bereich	P_2O_5 mg/100g	Gehaltsstufe	K_2O mg/100g	Gehaltsstufe	Mg mg/100g	Gehaltsstufe	Mn mg/kg	Gehaltsstufe	Cu mg/kg	Gehaltsstufe	Zn mg/kg	Gehaltsstufe	Na mg/kg	Gehaltsstufe	B mg/kg	Gehaltsstufe
551427	1	SPALIEROBST APFEL	10/001	O	hsL	6,7	D	5,6 - 6,3	13	C	33	E	20,9	D	109	-	1,9	-	4,3	-	5	-	0,31	-

Probenbezeichnung						Kalk-Versorgung			Organische Substanz	
						VDLUFA I, A 5.1.1 : 2016 (CaCl			DIN EN 15936 : 2012-11 (Dumas)	
Analysen-nummer	Prob.-Nr.	Feld- oder Schlagbezeichnung	Schlag Nr.	Bodennutzung	Bodenart	pH-Wert	pH-Stufe	optim.pH -Bereich	Org.S %	Gehaltsstufe
551427	1	SPALIEROBST APFEL	10/001	O	hsL	6,7	D	5,6 - 6,3	6,2	

Der Spalierobstgarten wird im Herbst mit abgelagertem Mist aus der Tierhaltung des Museums und im Frühjahr mit einem biologischen Volldünger gedüngt. Eine Bodenanalyse aus dem Frühjahr 2021 zeigte eine gute Versorgung mit den wichtigsten Nährstoffelementen an. Der pH-Wert lag im erhöhten Bereich. Um diesen zu senken, eignet sich Kompost.

Originaltitel: *Une Ecole Pratique d'Agriculture (France). Enseignement de la confection d'espaliers pour le jardin.* ((Bitte Übersetzung ergänzen.)) Foto um 1900. Die Formierung und der Schnitt von Spalierobst benötigten viel Zeit. Eine aus Stroh gefertigte Überdachung schützte die Früchte vor direktem Niederschlag und Hagel.

Spalierbirnen im Schwäbischen Freilichtmuseum Illerbeuren am Stadel aus Nattenhausen im Jahr 2018. Das Mauerwerk gibt die von der Sonne gespeicherte Wärme bis in die Nachtstunden ab und unterstützt die Reifung.

und Aufsitzstangen für Greifvögel aufgestellt werden. Bei den jungen Neupflanzungen zeigten sich einrollende Blätter den Befall mit Blattläusen an. Als biologisches Pflanzenschutzmittel hierfür wird im Spalierobstgarten eine Seifenlauge aus 1 l Wasser und 20 ml Schmierseife oder Neemöl angewendet. Ende Mai bis Anfang Juni werden überstehende Triebspitzen von Hand eingekürzt, man nennt dies Pinzieren. Dabei werden vier bis fünf Blätter entfernt, um eine Verholzung des Triebes zu verhindern.

Veredelungen

Grundlage für die Erziehung eines Spalierbaumes sind ein- bis zweijährige Veredelungen,

Junge Baumreiser werden für die Erziehung am Spalier vorbereitet und geschnitten. Foto 2022.

eine vom Gärtner künstlich erzeugte Verbindung, die aus einem Reiser der gewünschten Baumsorte und einer daran angesetzten Wurzel, der sogenannten Unterlage, besteht.[88] Mit der Wahl der Unterlage beeinflusst man, wie stark ein Baum wächst. Für die Erziehung eines Spalierbaumes ist die Auswahl der Unterlage besonders wichtig, denn ein zu starkes Wachstum der Triebe kann über den Baumschnitt nicht mehr ausgeglichen werden.[89]

Alle käuflichen Obstbäume entstanden aus Veredelungen. Die Baumformen Halb- und Hochstamm, Busch- und Spindelbusch als Endprodukt aus der Baumschule waren für die Spaliererziehung ungeeignet, weil dort bereits zu Beginn der Erziehung alle seitlichen Austriebe am Stamm ausgeschnitten werden, d. h., die Augen werden ausgeblendet. Der Eingriff verhindert bei Hochstammbäumen, dass sich am unteren Stammbereich unerwünschte Triebe ausbilden. Diese Augen sind bei der Spaliererziehung jedoch entscheidend und werden belassen. Wenn die Augen der neu gepflanzten Veredelungen eine Trieblänge von zehn bis 15 Zentimetern erreicht haben, entfernt man alle Triebe bis auf einen einzelnen. Diese jungen Baumreiser sind ab dem Veredelungszeitpunkt durch den Gärtner bereits ein bis zwei Vegetationsperioden gewachsen und bestehen aus einer verholzten Rute mit mehreren Verzweigungen. In dieser Entwicklungsstufe werden sie im Spalierobstgarten gepflanzt.[90]

Wandel der Jahreszeiten

Im Schutz von Wänden und Dachvorsprüngen entsteht ein von der Sonne erwärmtes und von Winden geschütztes Kleinklima, das sich auf die Reife von Obst förderlich auswirkt. Besonders geeignet sind Standorte, die vor den Ost- und Westwinden geschützt und den Früh- und Spätfrösten wenig ausgesetzt sind. Spalierobstbäume besitzen keine tiefen Wurzeln und sind empfindlicher gegenüber extremen Witterungsverhältnissen wie Trockenheit. Das Frühjahr ist die Wachstumszeit, in der die Knospen am Haupttrieb austreiben und Seitentriebe gebildet werden, das zukünftige Fruchtholz. Spätfröste sind im Frühjahr eine der großen Gefahren für die Blüten und damit für den späteren Ertrag, weshalb der Obstbau am Haus einen entscheidenden Schutzvorteil mit sich bringt. Er ist die Versicherung gegen schlechtes Wetter. Ein beständig warmes Sommerwetter und nicht zu lange Trockenphasen sind die beste Voraussetzung, damit die bis zur Ernte im Spätsommer und Herbst am Spalier wachsenden Früchte gut reifen. Der Schutz von Wänden fördert die Qualität des Obstes und verhindert, dass Unwetter die Früchte vorzeitig vom Baum reißen können. Reif ist die Frucht, wenn ihre Grundfarbe sich ändert. Gepflückt wird die Frucht, wenn sich beim Anheben und Drehen der Stiel löst. Im Winter herrscht Saftruhe im Baum. Das Wachstum ist eingestellt, doch die Knospen für die neuen Blüten sind bereits alle angelegt und bereit für das Austreiben.

Birnenspalier der Sorte „Pierre Corneille" mit geöffneten Blüten im Frühjahr 2017 an einer hölzernen Wand im Spalierobstgarten.

Anmerkungen

1 Vgl. BayHStA, Landwirtschaftlicher Verein in Bayern 1.575, 1888–1918, Umfrage in den Bezirken zur Obstbaumzucht.
2 Von Herloßsohn, Karl (Hg.): Damen-Conversationslexikon, Band 4, Leipzig 1835, S. 229–230.
3 Vgl. Wimmer, Clemens Alexander: Lustwald, Beet und Rosenhügel. Geschichte der Pflanzenverwendung in der Gartenkunst, Weimar 2014, S. 79.
4 Vgl. Wimmer: Lustwald: S. 149.
5 Vgl. Wahl, Reiner: Formobst im Wandel der Zeit, in: Obst und Garten, Februar 2021, S. 8.
6 Vgl. Wahl, Reiner: Formobst im Wandel der Zeit, S. 7.
7 Vgl. Wimmer: Lustwald, S. 144.
8 Vgl. Wahl: Formobst im Wandel der Zeit, S. 8.
9 Vgl. Pawlak, Katja: Herzogliche Küchengärten in Mecklenburg – Gestaltung und Historie der Nutzpflanzenkultur, in: AHA! Miszellen zur Gartengeschichte und Gartendenkmalpflege, Nr. 5, 2019, S. 29–30.
10 Ricker, Julia: Die Wiedergeburt historischer Küchengärten, in: Monumente, Magazin für Denkmalkultur in Deutschland, Nr. 5, Dresden 2013, S. 3. Die Wiedereinrichtung von historischen Küchengärten wird vom „Küchengartennetzwerk", einem Zusammenschluss von Fachleuten in Deutschland, vorangetrieben.
11 Vgl. Wimmer: Lustwald, S. 138.
12 Vgl. Wimmer: Lustwald, S. 52. Darin wurde zitiert von Johann Sigismund Elsholtz: Vom Garten-Baw, Cölln an der Spree 1666.
13 Vgl. Wimmer: Lustwald, S. 44, 45.
14 Vgl. Balling, Edwin: Die Kulturgeschichte des Obstbaus, Zell/Germering 2009, S. 27.
15 Goethe, Rudolf: Die Obst- und Traubenzucht an Mauern, Häuserwänden und im Garten, Berlin 1900, S. 29.
16 Hempel, Georg Carl Ludewig: Anweisung wie die Wände der Wohnhäuser und überhaupt aller Gebäude mit dem größten Vortheil zum fruchtbarsten Obstbau [...], Leipzig 1845, S. 117–124.
17 Vgl.: Hempel, Georg Carl Ludewig: Anweisung wie die Wände der Wohnhäuser und überhaupt aller Gebäude mit dem größten Vortheil zum fruchtbarsten Obstbau [...], Leipzig 1845, S. 117–124.
18 Vgl. Wimmer: Lustwald, S. 142.
19 Schmitz-Hübsch, Elmar: Entwicklung der Unterlagen, Baumformen und Pflanzsysteme bei Äpfeln und Birnen im Rheinland und in den westlichen Nachbarstaaten, Merten 2012, S. 3–5.
20 Vgl. Der Fruchtgarten: Illustrierte Zeitschrift für Obstbau, Sortenkunde und Obstbenutzung, 2. Jahrgang, Wien 1897, S. 138.
21 Vgl. Gaucher: Obstbaumkunde. Der moderne Obstbau auf natürlicher und künstlicher Grundlage dargestellt für jedermann, Berlin 1912, S. 52.
22 Vgl. Verband der Landwirtschaftsberater in Bayern e. V. (Hg.): Landwirtschaftslehre für Schule und Praxis, II. Teil, Praktische Landwirtschaft, Stuttgart 1927, S. 241.
23 Vgl. Trenkle, Rudolf: ABC des praktischen Obstbaus, Wiesbaden 1942, S. 76–77.
24 Vgl. zu empfehlenswerten Unterlagen für verschiedene Formen: Siegler, Hubert: Obstspaliere: Kunstvolle Fruchtwände, in: Obst und Garten, Nr. 10, Stuttgart 2017.
25 Vgl. Wimmer: Lustwald, S. 146, 147.
26 Vgl. Wahl: Formobst im Wandel der Zeit, S. 10.
27 Historie des Obst- und Gartenbauvereins Waal-Emmenhausen, Teil 1, 1900–1930, Waal 2017, S. 47–48.
28 Pomologisches Institut Reutlingen, Preisverzeichnis 1893–94, Reutlingen 1893.
29 BayHStA München, Akten des Landwirtschaftlichen Vereins in Bayern 1.552.
30 Schupp-Schied, Gerda: Zwetschgagreat ond Biramichel, Ausschnitte aus dem Rieser Dorfleben VI, Nördlingen 2001, S. 206.
31 Dominka, Katarina/Janke, Volker: Das Freilichtmuseum Schwerin Mueß und sein Modellprojekt zur Präsentation historischer Gartenkultur. Von Dorf-, Schul- und Lehrergärten, Schwerin-Mueß 2000, S. 40, 50.
32 Vgl. Lucas, Dr. Eduard: Vollständiges Handbuch der Obstkultur, Stuttgart 1902, S. 98.
33 Vgl. Chronik des Bienenzucht- und Obstbau-Vereins Fellheim und Umgebung, Fellheim 2017, S. 159.
34 Vgl. Lucas: Handbuch der Obstkultur, S. 396.
35 Vgl. Schupp-Schied: Zwetschgagreat ond Biramichel, S. 206.
36 Vgl. Flammer, Dominik/Müller, Sylvan: Das kulinarische Erbe der Alpen, Die Ernährungsgeschichte des Alpenraums, Aarau 2017, S. 183.
37 Beschluß-Buch des Obstbauvereins Waal, 1900–1930, Waal 2017, S. 32.
38 Vgl. Diehl, Karl: Freunde und Feinde des Obstbaus, Stuttgart 1911, Einleitung.
39 Kreisverband für Gartenkultur und Landespflege Weilheim-Schongau e. V. (Hg.): Chronik eines Kreisverbandes, S. 27.
40 Historie des Obst- und Gartenbauvereins Waal-Emmenhausen, S. 50–51.
41 Vgl. Diehl, Karl: Freunde und Feinde, S. 104.
42 Blühendes Barock Gartenschau Ludwigsburg GmbH (Hg.): Scharfe Sachen. Die Geschichte der gärtnerischen Schneidgeräte, Ludwigsburg 2005, S. 29.
43 Vgl. Schupp-Schied, Gerda: Zwetschgagreat ond Biramichel, Ausschnitte aus dem Rieser Dorfleben VI, Nördlingen 2001, S. 206.
44 Der Fruchtgarten: Illustrierte Zeitschrift für Obstbau, Sortenkunde und Obstbenutzung, 2. Jahrgang, Wien 1897, S. 284.

45 Vgl. Lucas, Dr. Eduard: Vollständiges Handbuch der Obstkultur, Stuttgart 1902, S. 217.
46 Vgl. Stebler, Dr. Friedrich: Ein Handbuch für Viehzüchter und Alpwirte, Berlin 1903, S. 254.
47 Vgl. Kreisverband für Gartenkultur und Landespflege Weilheim-Schongau e. V. (Hg.): Chronik eines Kreisverbandes für Gartenbau, München 2004, Geleitwort. So war beispielsweise in Waal im Ostallgäu angeführt worden, dass die Gegend aufgrund ihrer heftigen Winde und des rauen Klimas ungeeignet schien für den Anbau von Obst.
48 Vgl. Volks- und landeskundliche Beschreibungen aus den Landkreisen Lindau und Oberallgäu mit Kempten. Die Physikatsberichte der Stadt- bzw. Landgerichte Lindau, Weiler, Kempten, Immenstadt und Sonthofen (1858–1861), in: Fassl, Peter (Hg.): Schriftenreihe der Bezirksheimatpflege Schwaben zur Geschichte und Kultur, Band 9, Augsburg 2016, S. 81.
49 Vgl. Flammer, Dominik/Müller, Sylvan: Das kulinarische Erbe der Alpen. Die Ernährungsgeschichte des Alpenraums, Aarau 2017, S. 184.
50 Bayerische Monatsblätter für Obst- und Gartenbau, Nr. 18, hg. vom Landesverband bayer. Obstbauvereine, Nürnberg 1910, S. 154.
51 Historie des Obst- und Gartenbauvereins Waal-Emmenhausen, S. 38.
52 Vgl. Chronik des Bienenzucht- und Obstbau-Vereins Fellheim und Umgebung, Fellheim 2017, S. 18–19. Für die Arbeit des Baumwartes gab es eine festgelegte Gebührenordnung. So betrug der Lohn für das Setzen eines Obstbaumes mit dem Graben eines Pflanzlochs 30 Pfennig, für das Beschneiden junger Bäume in den Anfangsjahren 5 Pfennig.
53 Vgl. Kreisverband für Gartenkultur und Landespflege Weilheim-Schongau e. V., S. 8–9.
54 Schindler, Dr. Leopold (Hg.): Die Landwirtschaft. Lehrbuch für landwirtschaftliche Fachschulen. Handbuch für den praktischen Landwirt, Band II, München 1951, S. 308.
55 Historie des Obst- und Gartenbauvereins Waal-Emmenhausen, S. 34–35.
56 Pfaff, Lena: Die Gründung der Gartenbauvereine Schongau, o. O. u. J., S. 3–18.
57 Bayerische Monatsblätter für Obst- und Gartenbau, Nr. 5, hg. vom Landesverband bayer. Obstbauvereine, Nürnberg 1911, S. 1.
58 BayHStA, Landwirtschaftlicher Verein in Bayern 1.591.
59 Chronik des Bienenzucht- und Obstbau-Vereins Fellheim und Umgebung, S. 247.
60 Vgl. Volks- und landeskundliche Beschreibungen aus dem Landkreis Günzburg. Die Physikatsberichte der Landgerichte Günzburg, Burgau und Krumbach, in: Fassl, Peter (Hg.): Veröffentlichungen der Schwäbischen Forschungsgemeinschaft, Reihe 10, Quellen zur historischen Volks- und Landeskunde, Band 4, Augsburg 2007, S. 53.
61 Vgl. Chronik des Bienenzucht- und Obstbau-Vereins Fellheim und Umgebung, S. 131: Obstbaumbestellungen des Jahres 1897.
62 Vgl. Chronik des Bienenzucht- und Obstbau-Vereins Fellheim und Umgebung, S. 180.
63 Der Obstbaumfreund, hg. von der praktischen Gartenbau-Gesellschaft in Frauendorf, Nr. 41, Passau 1830.
64 Trieb, Johann Nepomuk/Seybold, Leonhard, Knabenlehrer in Mindelheim: Statistische Beschreibung der Stadt und des Stadtbezirks Mindelheim im Regierungsbezirke Schwaben und Neuburg des Königreiches Bayern, Mindelheim 1859, S. 58–65.
65 Stadtarchiv Mindelheim: „Akt des Stadt-Magistrats Mindelheim betreff: Die nichtpolitischen Vereine: „Obstbau- und Bienenzucht-Verein", Inv.-Nr.: Fach 174, Nr. 3.
66 Stadtarchiv Mindelheim: „Akt des Stadt-Magistrats Mindelheim betreff: Schulgartenanlage 1919–1921", Inv.-Nr.: Fach 153, Nr. 14.
67 Stölzle, Xaver: 25 Jahre Obstbau und Bienenzucht in Oberstaufen, in: Westallgäuer Heimatblätter 1929, Nr. 23, 3. Band, S. 191–192.
68 Frei, Hans: „Für Schwaben". Erforschen, Bewahren, Fortführen. Gesammelte Beiträge zu Landschaft, Geschichte und Kultur in Schwaben, in: Frei, Hans (Hg.): Schriftenreihe der Museen des Bezirks Schwaben, Band 18, Oberschönenfeld 1997, S. 200.
69 Blauensteiner, Charlotte: Kleinarchitektur. Zäune, Spaliere, Traillagen, in: Amt der Nö. Landesregierung (Hg.): Gärten zwischen Kunst und Natur, Denkmalpflege in Niederösterreich, Band 5, Wien 1989, S. 22–23.
70 Dr. Floericke, Kurt: Hausgartenbüchlein, Stuttgart 1911, S. 90.
71 Vgl. Frei, Hans: Für Schwaben, S. 52–61.
72 Vgl. Landkreis Ostallgäu, Landkreis Unterallgäu (Hg.): Dorfkerne-Dorfränder. Ein Praxisbuch zur Ortsbildpflege. Ein Werkzeugkasten für die Gemeinden im Ostallgäu und Unterallgäu, Memmingen 2017, S. 35.
73 Türk, Heinz-Peter: Baum und Strauch im Dorf, in: Bayerische Akademie für Naturschutz und Landespflege (Hg.): Dorfökologie: Bäume und Sträucher, Laufener Seminarbeiträge 2/1991, Laufen 1991, S. 11.
74 Vgl. Goethe: Die Obst- und Traubenzucht, S. 147–148.
75 Vgl. Fassl, Peter (Hg.): Schwäbische Dörfer. Architekturzeichnungen aus zwei Jahrhunderten, Katalog zur Ausstellung der Heimatpflege des Bezirks Schwaben in Zusammenarbeit mit dem Architekturmuseum Schwaben und dem Bauernhofmuseum Illerbeuren, Kronburg 1995, S. 8–12. Eine bauliche Modernisierung Mitte des 20. Jahrhunderts führte zu einer

homogenen Hauslandschaft. Ende des 20. Jahrhunderts existierten nur noch zehn Prozent der Wohnbauten aus der Bauzeit vor 1900.

76 Vgl. Fassl: Schwäbische Dörfer, S. 12.

77 Fuchs, Richard: Mittel- und Nordschwaben, München 1930, in: Dörfler, Hans: Bayern, das Bauernland. Ein Sammelwerk von Darstellungen der Landwirtschaft und des Bauerntums für die einzelnen Gaue Bayerns, Band 5, München 1930, S. 117–121.

78 Späth, Paul: Obstbäume des Dorfes: Arten- und Sortenvielfalt, in: Bayerische Akademie für Naturschutz und Landespflege (Hg.): Dorfökologie, S. 13.

79 Ludwig, Ferdinand: Botanische Grundlagen der Baubotanik und deren Anwendung im Entwurf, Stuttgart/Überlingen 2012, S. 22–23.

80 Vgl. Wimmer: Lustwald, S. 147.

82 Vgl. Heimatdienst Legau (Hg.): Das Legauer Häuserbuch, Band 1, Legau 2005, S. 66.

81 Vgl. Heimatdienst Legau (Hg.): Das Legauer Häuserbuch, Band 1, Legau 2005, S. 66.

82 Schupp-Schied: Zwetschgagreat ond Biramichel, S. 216.

83 Vgl. Berger, Eva: Historische Gärten. Erste Bestandsaufnahme in Niederösterreich, in: Amt der Nö. Landesregierung (Hg.): Gärten zwischen Kunst und Natur, Denkmalpflege in Niederösterreich, Band 5, Wien 1989, S. 13.

84 Pierer's Universallexikon, Band 12, Altenburg 1861, S. 193–195.

85 Vgl. Kreisverband für Gartenkultur und Landespflege Weilheim-Schongau e. V. (Hg.): Chronik eines Kreisverbandes für Gartenbau, München 2004, S. 19.

86 Vgl. Gaucher, Nicolas: Obstbaumkunde. Der moderne Obstbau auf natürlicher und künstlicher Grundlage dargestellt für jedermann, Berlin 1912, S. 47–50.

87 Maßgeblich hierzu im Allgemeinen: Gaucher, Nicolas: Handbuch der Obstkultur, aus der Praxis für die Praxis, Berlin 1889.

88 Vgl. Siegler, Hubert: Kleines Obst für kleine Gärten und Kübel, hg. von der Bayerischen Landesanstalt für Weinbau und Gartenbau, Veitshöchheim, Informationsblatt, o. J.

89 Diese Veredelungsunterlagen besitzen ein eigenes Nummernsystem, welches die Auswahl und Zuordnung erleichtert. Im Spalierobstgarten wurden bei den Apfelbäumen Veredelungsunterlagen der Typen M9, M26 und M11 verwendet, bei den Birnenbäumen die Unterlagen Quitte und OHF 333.

90 Telefonat mit Reiner Wahl, Landschaftsgärtnermeister, Dettingen/Erms am am 10.04.2021.

Die Sorte „Schöner von Boskoop“ entstand Mitte des 19. Jahrhunderts in Holland und fand schnell eine große Verbreitung als hochwertige Handelsware. Aufgrund seiner vielseitigen Verwertungsmöglichkeiten und der Verträglichkeit auf feuchten Böden wurden seit 2021 alle Neupflanzungen im Spalierobstgarten mit Äpfeln der weitergezüchteten Sorte „Roter Boskoop“ durchgeführt.

Nach der Natur von W. Müller, Gera. Lith. Anst. v. Walter Müller, Gera.

Der Autor

David Kemmer

legte sein Abitur 2013 am Albert-Einstein-Gymnasium Ravensburg ab.

Nach dem Studium der Geschichte und evangelischen Theologie in Tübingen und Heidelberg absolvierte er ab 2021 ein wissenschaftliches Volontariat am Schwäbischen Freilichtmuseum Illerbeuren. Seit 2023 ist er Mitarbeiter dort. Er forscht u. a. zu Themen der ländlichen Sach- und Alltagskultur und der Kulturlandschaft.

Bildnachweis

S. 2–3: Bildarchiv Schwäbisches Bauernhofmuseum Illerbeuren (SBI), Dig-13790, Tanja Kutter | 8: Müller-Diemitz/Bissmann-Gotha: Deutschlands Obstsorten-Birnen, Loseblattsammlung, Stuttgart 1905–1935; BUND Lemgo | 11: La Quintinie, Jean: Instruction pour les jardins fruitiers et potagers, avec un traité des orangers, suivy de quelques réflexions sur l'agriculture. A Amsterdam: chez Henri Desbordes, sur l'imprimé de Paris, MDCLXXXXII [1692]; ETH-Bibliothek Zürich, Rar 7413, S. 317 | 12: Ebd. S. 37 | 13: European Nursery Catalogue Collection; L. Späth: Kunst- und Handelsgärtnerei, Berlin | 14: Archiv des Bayerischen Landesvereins für Heimatpflege e.V., Foto: Karl Erdmannsdorffer | 16: European Nursery Catalogue Collection; Carl Schliessmann, Kunstgewerbliche Gartenausstattung, Mainz-Kastell, S. 10 | 17: Archiv des Bayerischen Landesvereins für Heimatpflege e.V., Foto: Karl Erdmannsdorffer | 18: Goethe, Rudolf: Die Obst- und Traubenzucht an Mauern, Häuserwänden und im Garten, Berlin 1900, Tafel VIII | 19: European Nursery Catalogue Collection; L. Späth: Kunst- und Handelsgärtnerei, Berlin, S. 3 | 20: Ebd. S. 20 | 21: Müller-Diemitz/Bissmann-Gotha: Deutschlands Obstsorten-Birnen, Loseblattsammlung, Stuttgart 1905–1935; BUND Lemgo | 22: Ebd. | 23: Otto Schmitz-Hübsch, Preisverzeichnis 1902/1903, Merten | 24: European Nursery Catalogue Collection; Otto Schmitz-Hübsch: Pflanzkatalog 1906/1907, S. 13 | 25: Sammlung SBI, Inv. Nr.: 2009/180 | 26: Sammlung SBI, Inv. Nr.: 2006/627 | 27: Riedl, Christine Charlotte: Lindauer Kochbuch, Lindau i. B. 1894, S. 423, Nr. 1291 | 28: 200 Winke für den Obstbau. Sonderheft, Verlag der Gartenschönheit, Berlin, um 1935, S. 21 | 29: Stiftung Deutsches Gartenbaumuseum Erfurt, Inventar Nr.: 1193 | 31 o.: Sammlung SBI, Inv. Nr.: 1999/127, Foto: Tanja Kutter | 31 M.: Bildarchiv SBI, Dig-19463, Foto: Tanja Kutter | 31 u.: Bildarchiv SBI, Dig-19462, Foto: Tanja Kutter | 32: Historischer Verein für Donauwörth und Umgebung e.V., Landbauamt Donauwörth: Bildersammlung Lippert, Nr. 287 | 34: Bildarchiv SBI, Dig-1943[illegible], Foto: David Kemmer | 35: Museum im Malhaus, Wasserburg | 36: Fridolin Altweck, Ortsheimatpfleger von Wasserburg | 37: Bayerisches Bienenmuseum Illertissen, Sammlung Forster; Landkreis Neu-Ulm | 38: Museum im Malhaus, Wasserburg | 39 li.: 200 Winke für den Obstgarten. Verlag der Gartenschönheit, Berlin o. J. | 39 r.: Der Wegweiser im Obst- und Gartenbau, hg. von den Kreisverbänden für Obst- und Gartenbau in Bayern, Nürnberg 1934 | 42: BayHStA München, Landwirtschaftlicher Verein in Bayern 1.591 | 44: Stadtarchiv Mindelheim, Fotoarchiv | 44–45: Ebd. | 47: Archiv des Bayerischen Landesverein für Heimatpflege e.V., Foto: Fritz Jummerspach | 48: Bildarchiv SBI, Dig-19066, Foto: Tanja Kutter | 50 li.: Bildarchiv SBI, Dig-19080 | 50 r.: Bildarchiv SBI, Dig-17836 | 51: Sammlung SBI, Inv. Nr.: 2017/201 | 52: Verlag Hans Friedrich Abshagen, Dresden | 52–53: Bildarchiv SBI, Dig-17352, Foto: Tanja Kutter | 54: Bildarchiv SBI, Dig-19494, David Kemmer | 55 o.: Architekturmuseum der TU München | 55 u.: Institut für Volkskunde München/Archiv für Hausforschung, Foto: Fritz Jummerspach | 57: Architekturmuseum der TU München | 58: Bildarchiv SBI, Dig-19044 | 60: Bildarchiv SBI, Dig-19142 | 61: Bildarchiv SBI, Dig-19066, Foto: Tanja Kutter | 62–63: Bildarchiv SBI, Dig-19486, Tanja Kutter | 64 o.: Bildarchiv SBI, Dig-19069, Tanja Kutter | 64 u.: Bildarchiv SBI, Dig-19146 | 65: Archiv des Bayerischen Landesvereins für Heimatpflege e.V. | 66 o.: Institut für Volkskunde, München/Archiv für Hausforschung. © Bayerisches Landesamt für Denkmalpflege | 66 u.: Archiv des Bayerischen Landesvereins für Heimatpflege e.V. | 67: Heimatdienst Legau | 68–69: Bildarchiv SBI, Dig-19490, Foto: David Kemmer | 70–71: Bildarchiv SBI, Dig-19493, Foto: David Kemmer | 71: Bildarchiv SBI, Dig-19491, Foto: David Kemmer | 72: Bildarchiv SBI, Dig-19496, Foto: David Kemmer | 73: Bildarchiv SBI, Dig-19495, Foto: David Kemmer | 74–75: Bildarchiv SBI, Dig-19067, Foto: Tanja Kutter | 76–77: Bildarchiv SBI, Dig-16289, Foto: Tanja Kutter | 77: Lucas, Dr. Ed.: Vollständiges Handbuch der Obstkultur, Stuttgart 1902, S. 333 | 78–79: Bildarchiv SBI, Dig-19596, Foto: Tanja Kutter | 80: Bildarchiv SBI, Dig-13185, Tanja Kutter | 81: Bildarchiv SBI, Dig-19118, Foto: Tanja Kutter | 82: bpk/adoc-photos | 83: Bildarchiv SBI, Dig-19636+19637 | 84–85: Bildarchiv SBI, Dig-16108, Foto: Tanja Kutter | 86: Bildarchiv SBI, Dig-19122, Foto: Tanja Kutter | 88–89: Bildarchiv SBI, Dig-13790, Tanja Kutter | 92: Abbildung aus Goethe/Degenkolb/Mertens: Aepfel und Birnen: Die wichtigsten deutschen Kernobstsorten, Berlin 1894, Nr. 046, Schöner von Boskoop; BUND Lemgo.

Erhältlich im Museumsshop und im Buchhandel

Sägen, Wasserkraft und Stromerzeugung

Die Sägemühle Hettisried – ein Familienbetrieb mit Technikgeschichte

Wer etwas aufmerksam durch Bayerisch-Schwaben streift, dem fallen überall Hinweise auf Mühlen auf: eine Mühlstraße, ein Gasthof an der Oberen Mühle oder vielleicht auch ein Holzmühlbach. Mit etwas Glück begegnet man noch einer der wenigen überlebenden Sägemühlen.

Im Schwäbischen Bauernhofmuseum Illerbeuren ist ein solches Gebäude nun auf jeden Fall dauerhaft zu finden. Die Sägemühle aus Hettisried steht für eine Zeit, in der Mühlen jeglicher Art die Landschaft prägten.

Als Ergänzung zur Ausstellung im Museum erklärt dieses Buch wie eine Sägemühle funktioniert, welche verschiedenen Formen des Antriebs - von der Wasserkraft bis zum Elektromotor – dazugehören und wofür das gesägte Holz genutzt wird. Auch der Zusammenhang von Mühlen und Stromerzeugung sowie die Frage nach den Tätigkeiten in einem Sägebetrieb und der dazugehörigen Ausbildung werden geklärt.

ISBN 978-3-8392-2951-4

FrauenGestalten sichtbar gemacht!

Weibliche Biografien aus Bayerisch-Schwaben von 1809 bis heute

Was bedeutete es im 19. und 20. Jahrhundert, eine Frau zu sein? Zur Beantwortung dieser Frage haben sich die Autor*innen des Buches auf Spurensuche in Bayerisch-Schwaben begeben. Dabei stießen sie auf einfache, unscheinbare Objekte, hinter denen sich spannende Lebensberichte verbargen, Archivfunde und Zeitzeugenaussagen, die die Geschichten ganz unterschiedlicher Frauenleben sichtbar machten. Dieses Buch trägt die individuellen Biografien zusammen und ordnet sie in die historischen Umstände ihrer Zeit ein. Es spannt immer wieder inhaltliche Verbindungslinien zwischen den „kleinen" Lebensgeschichten und der „großen ganzen" Geschichte.

ISBN 978-3-8392-0436-8